Wilhelm von Humboldt

SCHRIFTEN ZUR ALTERTUMSKUNDE UND ÄSTHETIK

Teil I

Elibron Classics
www.elibron.com

Elibron Classics series.

ISBN 0-543-85224-5 (paperback)
ISBN 0-543-85223-7 (hardcover)

ÜBER DAS STUDIUM DES ALTERTHUMS, UND DES GRIECHISCHEN INSBESONDRE

1

Das Studium der Ueberreste des Alterthums — Litteratur und Kunstwerke — gewährt einen zwiefachen Nuzen, einen materialen und einen formalen. Einen *materialen,* indem es andren Wissenschaften Stoff darbietet, den sie bearbeiten. Insofern ist dasselbe, und sind also die humanistischen Wissenschaften Hülfswissenschaften von jenen, und wie wichtig dieser Nuzen auch an sich sein mag, so ist er ihnen eigentlich fremd.

2

Der *formale* Nuzen kann wiederum zwiefach sein, einmal insofern man die Ueberreste des Alterthums an sich und als Werke der Gattung, zu der sie gehören, betrachtet, und also allein auf sie selbst sieht; und zweitens indem man sie als Werke aus der Periode, aus welcher sie stammen, betrachtet, und auf ihre Urheber sieht[1]. Der erste *Nuzen* ist der *ästhetische;* er ist überaus wichtig, aber nicht der Einzige. Darin dass man ihn oft für den einzigen gehalten hat, liegt eine Quelle mehrerer falscher Beurtheilungen der Alten.

3

Aus der Betrachtung der Ueberreste des Alterthums in Rücksicht auf ihre Urheber entsteht die *Kenntniss* der Alten selbst, oder *der Menschheit im Alterthum.* Dieser Gesichtspunkt ist es,

---

[1] Diess unterscheide ich noch.

welcher allein in den folgenden Säzen aufgefasst werden soll, theils seiner innren Wichtigkeit wegen, theils weil er seltner genommen zu werden pflegt.

4

Das Studium einer Nation gewährt schlechterdings alle diejenigen Vortheile, welche die Geschichte überhaupt darbietet, indem dieselbe durch Beispiele von Handlungen und Begebenheiten die Menschenkenntniss erweitert, die Beurtheilungskraft schärft, den Charakter erhöht und verbessert; aber es thut noch mehr. Indem es nicht sowohl dem Faden auf einander folgender Begebenheiten nachspürt, als vielmehr den Zustand und die gänzliche Lage der Nation zu erforschen versucht, liefert es gleichsam eine *Biographie* derselben.

5

Das Auszeichnende einer solchen Biographie ist vorzüglich das, dass, indem der ganze politische, religiöse und häusliche Zustand der Nation geschildert wird, *ihr Charakter nach allen seinen Seiten, und in seinem ganzen Zusammenhange entwikkelt, nicht bloss die gegenseitigen Beziehungen der einzelnen Charakterzüge unter einander, sondern auch ihre Relationen zu den äussren Umständen, als Ursachen oder Folgen, einzeln untersucht werden;* und die Vortheile dieses charakteristischen Kennzeichens eines solchen Studiums verfolge ich hier allein, mit Uebergehung jener übrigen, öfter berührten.

6

Man pflegt Menschenkenntniss nur zum Umgange mit Menschen nothwendig zu halten, und man pflegt es Menschenkenntniss zu nennen, wenn man eine Menge einzelner Menschen beobachtet und dadurch eine Fertigkeit erworben hat, aus ihren äussren Handlungen ihre inneren Absichten zu errathen, und umgekehrt durch künstlich ihnen gegebene Beweggründe sie zu Handlungen zu bestimmen, und in einem gewissen politischen

Sinne mag beides wahr sein. Allein im philosophischen kann Menschenkenntniss — Kenntniss des Menschen überhaupt, wie der einzelnen wirklichen Individuen — nichts anders heissen, als *die Kenntniss der verschiedenen intellektuellen, empfindenden, und moralischen menschlichen Kräfte, der Modifikationen, die sie durch einander gewinnen, der möglichen Arten ihres richtigen und unrichtigen Verhältnisses, der Beziehung der äusseren Umstände auf sie,* dessen, was diese in einer gegebnen Stimmung unausbleiblich wirken müssen, und was sie nie zu wirken vermögen, kurz *der Geseze der Nothwendig-keit der von innen, und der Möglichkeit der von aussen gewirkten Umwandlungen.* Diese Kenntniss ist, oder vielmehr das Streben nach dieser — da hier nur Streben möglich ist — führt zur wahren Menschenkenntniss, und diess ist jedem Menschen, als Menschen, und lebte er auch ganz von Menschen abgesondert, nur in verschiedenen Graden der Intension und Extension unentbehrlich.

7

Zuerst — um vom Leichtesten anzufangen — *dem handelnden Menschen,* dem ich in der Folge den nur mit Ideen Beschäftigten, so wie endlich beiden den bloss Geniessenden entgegensezen werde. Alles praktische Leben, vom Umgange in der gleichgültigsten Gesellschaft bis zu dem Regieren des grössesten Staats, bezieht sich mehr oder minder unmittelbar auf den Menschen; und wer seiner moralischen Würde wahrhaft eingedenk ist, wird in keinem dieser Verhältnisse des höchsten Zweks aller Moralität, der Veredlung und steigenden Ausbildung des Menschen vergessen. Dazu ist jene Kenntniss ihm unentbehrlich, theils um jenen Zwek zu befördern, theils, wenn sein Geschäft so heterogen ist — wie es denn auch sehr achtungswürdige dieser Art geben kann — dass es ihm von gewissen Seiten Einschränkungen in den Weg stellen muss, doch immer das höchst mögliche Minimum dieser Einschränkungen zu bewahren. So lehrt sie ihn, was er moralisch unternehmen dürfe und politisch mit Erfolg unternehmen könne, und leitet dadurch seinen Verstand. — Aber auch zweitens seinen Willen, indem sie allein wahre Achtung des Menschen erzeugt. Alle Unvollkommenheiten lassen sich auf Misverhältnisse der Kräfte zurükbringen. Indem nun jene Kenntniss das Ganze zeigt, werden diese gleichsam aufgehoben, und es erscheint zugleich die Nothwendigkeit ihres Entstehens und die Möglichkeit ihrer Ausgleichung, so dass das, vorher einseitig betrachtete Individuum durch diesen allseitigen Ueberblik gleichsam in eine andre höhere Klasse versezt wird.

8

Der mit Ideen Beschäftigte ist — da ich mich hier der Genauigkeit logischer Eintheilungen überheben kann — Historiker im allerweitesten Sinne des Worts, oder Philosoph, oder Künstler. Der *Historiker,* insofern ich von dem im eigentlichsten Verstande — dem Beschreiber der Menschen und menschlichen Handlungen — abstrahire, bedarf jener Kenntniss vielleicht am wenigsten. Wenn indess auch der Forscher des am mindesten mit Menschenähnlichkeit begabten Theils der Natur nicht bloss die äussren Erscheinungen aufzählen, sondern auch den innern Bau erspähen will; so kann er derselben schlechterdings nicht gänzlich entbehren. Denn nicht bloss dass alle unsre Ideen von Organisation ursprünglich vom Menschen ausgehen; so herrscht auch durch die ganze Natur eine Analogie wie der äussren Gestalten, so des inneren Baues. Es lässt sich daher kein tiefer Blik in die Beschaffenheit der Organisation auch der leblosen Natur ohne physiologische Kenntniss des Menschen thun, und diese ist wiederum nicht ohne psychologische möglich; und ebenso steigt umgekehrt mit dem Umfange dieser lezteren die Schärfe jenes ersten Bliks, wenn gleich freilich in oft sehr kleinen Graden. Endlich muss ich bemerklich machen, dass ich hier den Blik auf den Zusammenhang der ganzen Natur, und die Beziehung der leblosen auf die menschliche — die kein grosser Naturkündiger versäumen wird — ganz übergehe, wie es denn überhaupt meine Absicht ist, nur zu versuchen, das für sich minder Klare in ein helleres Licht zu stellen.

9

Diesem Grundsaze getreu, bleibe ich bei dem *Philosophen* nur bei dem abstraktesten Metaphysiker stehen. Aber wenn auch dieser das ganze Erkenntnissvermögen ausmessen soll, wenn es ferner von dem Gebiete der Erscheinungen in das Gebiet der wirklichen Wesen keinen andren Weg, als durch die praktische Vernunft giebt, wenn Freiheit und Nothwendigkeit eines allgemein gebietenden Gesezes allein zu Beweisen für die wichtigsten, übersinnlichen Principien führen können; so muss die mannigfaltigste Beobachtung der, in andren und andren Graden gemischten menschlichen Kräfte auch diess Geschäft um vieles erleichtern, und am sichersten das sehen lassen, was allgemein ist und sich in jeder Mischung gleich erhält.

10

Des *Künstlers* einziger Zwek ist Schönheit. Schönheit ist das allgemeine, nothwendige, reine Wohlgefallen an einem Gegenstand ohne Begriff. Ein Wohlgefallen, das nicht durch Ueberzeugung erzwungen werden kann und doch abgenöthigt sein soll, das allgemein sein muss, und dessen Gegenstand nicht durch den Begriff reizt, muss sich nothwendig auf die ganze Seelenstimmung des Empfindenden in ihrer grössesten Individualität beziehen, wie auch schon die unendliche Verschiedenheit in Geschmaksurtheilen zeigt. Wer es also hervorbringen will, muss sein Wesen mit den feinsten und verschiedenartigsten Wesen gleichsam identificirt haben, und wie ist diess ohne tiefes und anhaltendes Studium möglich? — Auch ausser dieser, zwar allgemein beweisenden, aber auch abstrakteren Erörterung, gehört der Künstler gleichsam zur Klasse der praktischen Menschen, und bedarf umsomehr alles desjenigen, was jenen unentbehrlich ist, als er unmittelbar auf das Höchste und Edelste wirkt. Nicht also bloss um als Mensch moralisch, sondern auch um als Künstler mit Erfolg zu wirken, muss er den Gegenstand tief kennen, auf welchen er wirkt. — Endlich ist sein Geschäft entweder Ausdruk oder Schilderung. Das Erstere bezieht sich allein und unmittelbar, das Leztere, da die Schilderung sonst nicht gefasst wird, mittelbar auf Empfindung, und so bleibt diese und der empfindende Mensch überhaupt immer sein Hauptstudium.

11

Von dem bloss *Geniessenden* endlich liesse sich eigentlich nichts sagen, da der Eigensinn des Genusses keine Regel annimmt. Aber ich stelle mich billig hier in die Stelle nicht gerade der edelsten Menschen, aber der Menschen überhaupt in ihren edleren Momenten. In diesen nun sind die Freuden der höchsten Gattung die, welche man durch sich und andre empfängt, durch Selbstbeobachtung, Umgang in allen Abstufungen, Freundschaft, Liebe. Je höher diese sind, desto eher sind sie zerstört ohne ein scharfes Auffassen des wahren Seins seiner selbst und andrer. Diess aber ist nie möglich, ohne tiefes Studium des Menschen überhaupt. — Diesen Freuden an die Seite treten nicht unbillig diejenigen, welche der ästhetische Genuss der Werke der Natur und der Kunst gewährt. Diese wirken vorzüglich durch Erregung der Empfindungen, welche durch die äussren Gestalten, gleichsam als durch Symbole gewekt werden. Je mehr lebendige Ansichten möglicher menschlicher Empfindungen nun das Studium des Menschen verschaft hat, desto mehr äussrer Gestalten ist die Seele empfänglich. — Da ich des, aus der eignen Thätigkeit entspringenden Genusses schon mit dieser Thätigkeit selbst im Vorigen erwähnt habe (7 — 10), so bleibt mir nur noch der sinnliche übrig. Aber auch dieser wird, indem die Phantasie ihm das reiche Schauspiel seiner möglichen Mannigfaltigkeit nach der Verschiedenheit des geniessenden Individuums zugesellt, und indem sie so gleichsam mehrere Individuen in Eins vereint, vervielfacht, erhöht und verfeinert. — Endlich mindert sich durch eine solche Ansicht das Gefühl auch des wirklichen Unglüks. Das Leiden, wie das Laster, ist eigentlich nur partiell. Wer das Ganze vor Augen hat, sieht, wie es dort erhebt, wenn es hier niederschlägt.

12

Ich habe bis jezt den Menschen mit Fleiss abgesondert in einzelnen Energien betrachtet. Zeigte sich aber auch in keiner die Unentbehrlichkeit der Kenntniss, von der ich hier rede, so würde sie sich doch gerade dadurch bewähren, *dass sie vorzüglich nothwendig ist, um das einzelne Bestreben zu Einem Ganzen und gerade zu der Einheit des edelsten Zweks, der höchsten, propor-*

tionirlichsten Ausbildung des Menschen zu vereinen. Denn das Beschäftigen einzelner Seiten der Kraft bewirkt leicht mindere Rüksicht auf den Nuzen dieses Beschäftigens, als Energie, und zu grosse auf den Nuzen des Hervorgebrachten, als eines Ergon, und nur häufiges Betrachten des Menschen in der Schönheit seiner Einheit führt den zerstreuten Blik auf den wahren Endzwek zurük.

13

So wirkt jene Kenntniss, wenn sie erworben ist, gleichsam als Material; aber gleich heilsam und vielleicht noch heilsamer wirkt gleichsam *ihre Form, die Art sie zu erwerben.* Um den Charakter Eines Menschen und noch mehr einer noch vielseitigeren Nation in seiner Einheit zu fassen, muss man auch sich selbst mit seinen vereinten Kräften in Bewegung sezen. Der Auffassende muss sich immer dem auf gewisse Weise ähnlich machen, das er auffassen will. Daher entsteht also grössere Uebung, alle Kräfte gleichmässig anzuspannen, eine Uebung, die den Menschen so vorzüglich bildet. — Wer sich mit diesem Studium anhaltend beschäftigt, fasst ferner eine unendliche Mannigfaltigkeit der Formen auf, und so schleifen sich gleichsam die Ekken seiner eignen ab, und aus ihr, vereint mit den aufgenommenen, entstehen ewig wiederum neue. — So ist jene Kenntniss gerade darum heilsam, warum jede andre mangelhaft sein würde, darum, dass sie, nie ganz erreichbar, zu unaufhörlichem Studium zwingt, und so wird die höchste Menschlichkeit durch das tiefste Studium des Menschen gewirkt.

14

Das bis jezt betrachtete Studium des Menschen überhaupt an dem Charakter einer einzelnen Nation, aus den von ihr hinterlassenen Denkmälern, ist zwar bei einer jeden Nation in gewissem Grade möglich, in einem vorzüglicheren aber bei einer oder der andren nach folgenden vier Momenten:

1., *je nachdem die von ihr vorhandnen Ueberreste ein treuer Abdruk ihres Geistes und ihres Charakters sind, oder nicht.* Jedes Produkt der Wissenschaft oder der Kunst hat seine eigne, durch seine Natur bestimmte, gleichsam objektive, idealische Vollkommenheit, aber selbst bei dem äussersten Annähern an diese Vollkommenheit prägt sich dennoch die Individualität des Geistes, der es hervorbringt, mehr oder minder darin aus, am meisten aber freilich da, wo am mindesten absichtlich auf die Erreichung jener Vollkommenheit gesehen ist. Daher der objektive Werth und die Individualität eines Geistesprodukts nicht selten im umgekehrten Verhältnisse stehen. Am auffallendsten ist dieser Unterschied bei den eigentlichen Geistesprodukten, weniger bei den Künsten, und unter diesen mehr bei den energischen (Musik, Tanz) als bei den bildenden (Mahlerei, Bildhauerkunst).

15

2., *je nachdem der Charakter einer Nation Vielseitigkeit und Einheit* — welche im Grunde Eins sind — *besizt.* Einzelne grosse und schöne Charakterzüge und ihre Betrachtung hat ihren unbestrittenen, aber hieher nicht gehörigen Nuzen. Das Studium des Menschen überhaupt an einem einzelnen Beispiel erfordert Mannigfaltigkeit der verschiednen Seiten des Charakters, und Einheit ihrer Verbindung zu Einem Ganzen.

16

3., *je nachdem eine Nation reich ist an Mannigfaltigkeit der verschiedenen Formen.* Es kommt also hier wieder nicht sowohl darauf an, ob die Nation, deren Studium jenen Nuzen gewähren soll, auf einem vorzüglichen Grade der Ausbildung oder der Sittlichkeit stehe, sondern bei weitem mehr darauf, ob sie von aussen reizbar, und von innen beweglich genug ist, eines grossen Reichthums der Gestalten empfänglich zu sein.

17

4., *je nachdem der Charakter einer Nation von der Art ist, dass er demjenigen Charakter des Menschen überhaupt, welcher in jeder Lage, ohne Rüksicht auf individuelle Verschiedenheiten da sein kann und da sein sollte, am nächsten kommt.* Verschiedenheiten dieser Art unter Nationen zeigt auch eine oberflächliche Vergleichung; Nationen, die eine so lokale Ausbildung haben, dass ihr Studium mehr Studium einer einzelnen Menschengattung, als der Menschennatur überhaupt ist, und Nationen, in welchen sich auf der andren Seite diese Menschennatur hauptsächlich ausdrukt. Das, wovon ich hier rede, kann aus doppeltem Grunde entstehen, einmal durch Mangel der Individualität, durch Nichtigkeit, zweitens durch Einfachheit des Charakters. Nur das Leztere ist heilsam. — Das Studium des Menschen gewönne am meisten durch Studium und Vergleichung aller Nationen aller Länder und Zeiten. Allein ausser der Immensität dieses Studiums kommt es mehr auf den Grad der Intension an, mit dem Eine Nation, als auf den der Extension, mit welchem eine Menge von Nationen studirt wird. Ist es also rathsam, bei Einer oder einem Paar stehen zu bleiben; so ist es gut, diejenigen zu wählen, welche gleichsam mehrere andre repräsentiren.

18

Dass nach diesen 4 Momenten die alten Nationen die sind, deren Studium jenen hier allein ausgeführten Nuzen der Kenntniss und Bildung des Menschen am reichsten gewähret, soll die Folge zu zeigen bemüht sein. — Alte nenne ich hier ausschliessend die Griechen, und unter diesen oft ausschliessend die Athener. Die Gründe hievon werde ich, wenn sie sich nicht durch die Folge des Raisonnements von selbst entdekken, weiter unten noch mit Einem Worte berühren. — l. Moment. (14) Die Ueberreste der Griechen tragen die meisten Spuren der Individualität ihrer Urheber an sich. Die beträchtlichsten sind die litterarischen. In diesen fällt der Betrachtung zuerst die *Sprache* auf. In einer Sprache entstehen Abweichungen von der Individualität der Sprechenden vorzüglich aus folgenden 3 Gründen: l., durch Entlehnen von Wörtern oder Redensarten aus fremden Sprachen. 2., durch das Bedürfniss, völlig allgemeine und abstrakte Begriffe, worauf sich vorhandene Wörter nicht gut anwenden lassen wollen, entweder durch völlig neugebildete, oder gewaltsam übertragene Ausdrükke zu bezeichnen, wobei die Abweichung des neuen Ausdruks immer in dem Grade grösser ist, als ein Volk weniger reizbare und schaffende Phantasie besizt, den abstrakten Begriff unter einem, aus seinem bisherigen Vorrath genommenen sinnlichen Bilde zu fassen. 3., durch Nachdenken über die Natur der Sprache überhaupt, und die Analogie der eignen insbesondre, woraus viele Abänderungen des durch den Sprachgebrauch Eingeführten, und näher mit der Individualität der Lage der Redenden Verknüpften vorzüglich im Syntax und in der Grammatik überhaupt entspringen. Nun waren die Griechen mit keinem einzigen höher gebildeten Volke vor oder neben ihnen in allgemeiner und vertrauter Bekanntschaft; es finden sich daher in ihrer Sprache nur fremde Wörter, und auch diese gegen das Ganze nur in unbedeutender Anzahl, von fremden Beugungen und Konstruktionen wenigstens keine deutliche Spur. So fällt jener erste Grund hinweg. Nicht minder aber die beiden lezteren, da in Vergleichung mit der sehr frühen Ausbildung der Sprache sehr spät eine bestimmtere Philosophie und noch später Philosophie der Sprache entstand, und in Rüksicht auf den zweiten Grund insbesondre kein Volk leicht eine so reiche Phantasie im Schaffen metaphorischer Ausdrükke besizt, als den Griechen eigen war. — Einzelne Beispiele in Absicht der Bildung der Wörter, der Beugungen und Verbindungen könnten hier die Uebereinstimmung der Sprache der Griechen mit ihrem Charakter zeigen.

19

Die Geistesprodukte selbst sind Geschichte, Dichtung (wozu ich hier Kunst überhaupt rechne) und Philosophie. — Die *Geschichte* ist grossentheils Griechische, und wo sie es auch nicht ist, sind wenigstens die früheren griechischen Geschichtschreiber noch zu wenig gewohnt, mehrere Völker zu vergleichen, und Eignes und Fremdes von einander abzusondern, auch zu sehr mit allem Vaterländischen beschäftigt, als dass nicht sehr oft der Grieche durchblikken sollte. In der Griechischen Geschichte selbst aber macht eine Zusammenkunft mehrerer Umstände, wozu ich vorzüglich den grösseren Einfluss einzelner Personen auf die öffentlichen Angelegenheiten, die Verbindung des religiösen Zustandes mit dem politischen, und des häuslichen mit dem religiösen, ferner den kleinen Umfang der Geschichte selbst, der ein grösseres Détail erlaubte, endlich die noch mehr kindischen Ideen von Merkwürdigkeit und Wichtigkeit rechne, dass die alte Geschichte unendlich mehr Charakter- und Sittenschilderungen enthält, als die neuere.

20

Wenn *Dichtung* und Geschichte gesondert sein soll, so sezt diess schon bestimmtere Ideen über Möglichkeit und Unmöglichkeit, Wahrscheinlichkeit und Unwahrscheinlichkeit, mit Einem Worte Kritik voraus. Diese erhielten die Griechen erst spät, und vorzüglich durch die Verbindung ihrer Fabel mit Religion und Nationalstolz später, als sich sonst hätte erwarten lassen. Sehr lange ist also Dichtung und Geschichte gar nicht gesondert, und als sie wirklich sich mehr von einander trennten, durfte der Künstler, der nicht sowohl für Kenner und Dilettanten der schönen Künste, als für ein Volk arbeitete, das in dem Kunstwerk nicht die Kunst allein, auch sich und seinen Ruhm sehen wollte, sich nicht von dem entfernen, was Eindruk auf diess Volk zu machen im Stande und also mit seiner Individualität nah verwandt war. Wie hätten auch wirkliche Abänderungen der Fabel durch den Künstler nicht wieder im höchsten Grade Griechisch werden sollen, da er keine fremde Muster vor sich hatte, und selbst die eigentliche Theorie der Künste erst später entstand? — Ferner entsprangen alle vorzüglichste Arten der Dichtung — epische, tragische, lyrische — bei den Griechen aus Sitten und öffentlichen Einrichtungen, bei Gastmählern, Festen, Opfern, und so behielten sie bis in die spätesten Zeiten einen Anstrich dieses historischen, nicht eigentlich ästhetischen Ursprungs.

21

Die *Philosophie* sollte am wenigsten Spuren der Eigenthümlichkeit des Philosophirenden tragen. Aber die praktische zeigte bei den Griechen immer in einem sehr hohen Grade den Griechen, und die spekulative that diess wenigstens auch sehr lange.

Gegenblik auf moderne Nationen. — Ihre Sprache (18) durch Entlehnen von fremden, und Philosophie in hohem Grade umgebildet. — Selbst ihre vaterländische Geschichte (19) durch Vertrautheit mit allen Zeiten und Erdstrichen, und andre zusammenkommende Ursachen minder individuell erzählt. — Ihre Dichtung (20) fast ganz aus fremder Mythologie genommen, und nach objektiven allgemeinen Theorien geformt. — Ihre Philosophie (21) abstrakt und allgemein.

22

2. Moment. (15) *Der Grieche in der Periode, wo wir die erste vollständigere Kenntniss von ihm haben, steht noch auf einer sehr niedrigen Stufe der Kultur.* In diesem Zustande wird, da der Bedürfnisse und Befriedigungsmittel nur wenige sind, immer weit mehr Sorgfalt auf die Entwikklung der persönlichen Kräfte, als auf die Bereitung und den Gebrauch von Sachen verwandt. Der Mangel dieser Hülfsmittel macht auch jene Entwikklung nothwendiger. Da überhaupt noch keine Veranlassung vorhanden ist, einzelne Seiten vorzüglich zu beschäftigen, da der Mensch nur schlechthin dem Gange der Natur folgt; so ist, wo er handelnd oder leidend wird, sein ganzes Wesen um so mehr vereint in Thätigkeit, als er vorzüglich durch Sinnlichkeit afficirt wird, und gerade diese am stärksten das ganze Wesen ergreift. *Es ist daher bei Nationen auf einer niedrigeren Stufe der Kultur verhältnissmässig mehr Entwikklung der Persönlichkeit in ihrem Ganzen, als bei Nationen auf einer höheren.*

23

Bei den Griechen zeigt sich aber ein doppeltes, äusserst merkwürdiges, und vielleicht in der Geschichte einziges Phänomen. *Als sie noch sehr viele Spuren der Rohheit anfangender Nationen verriethen, besassen sie schon eine überaus grosse Empfänglichkeit für jede Schönheit der Natur und der Kunst, einen feingebildeten Takt, und einen richtigen Geschmack, nicht der Kritik, aber der Empfindung*, und finden sich Instanzen gegen diesen Takt und diesen Geschmak, so ist wenigstens jene Reizbarkeit und Empfänglichkeit unläugbar; *und wiederum als die Kultur schon auf einen sehr hohen Grad gestiegen war, erhielt sich dennoch eine Einfachheit des Sinns und Geschmaks, den man sonst nur in der Jugend der Nationen antrift.* Die Entwikklung der Ursachen hievon gehört nicht hieher. Genug das Phänomen ist da. In seinem ersten Lallen verräth der Grieche feines und richtiges Gefühl; und in dem reifen Alter des Mannes verliert er nicht ganz seinen ersten einfachen Kindersinn. Hierin, dünkt mich, liegt ein grosser Theil des eigentlich Charakteristischen der Nation.

24

Da sich die den Griechen eigenthümliche Reizbarkeit für das Schöne (23) mit der, bei allen minder kultivirten Nationen gewöhnlichen grösseren Aufmerksamkeit auf die Entwikklung der persönlichen, und vorzüglich der körperlichen Kräfte (22) und mit dem in griechischem Klima besonders stark wirkenden Hange zur Sinnlichkeit verband; musste Sorgfalt für die Ausbildung des Körpers zu Stärke und Behendigkeit um so nothwendiger entspringen, als auch die äussere Lage beides unentbehrlich machte, und der Ausdruk von beidem in dem Aeussren der Bildung bei einem leicht beweglichen Schönheitssinn Achtung und Liebe gewinnen. Aber auch da die Kultur sehr hoch gestiegen war, und längst die vorzügliche Achtung der körperlichen Kraft verdrängt hatte, erhielt sich dennoch immer mehr, als bei irgend einem andren Volke die Sorgfalt für die Ausbildung der körperlichen Stärke, Behendigkeit und Schönheit. Wo nun noch allgemeine und abstrakte Begriffe selten sind, und die Empfänglichkeit für das Schöne in so hohem Grade prädominirt, da muss man sich auch die bloss geistigen Vorzüge natürlich zuerst unter diesem Bilde darstellen, und in einer griechischen Seele verschmolz körperliche und geistige Schönheit so zart in einander, dass noch jezt die Geburten jenes Verschmelzens, z. B. die Raisonnements über Liebe in Platon ein wahrhaft entzükkendes Vergnügen gewähren. War aber auch diese Stimmung in diesem Grade nur einzeln und individuell, so lässt sich doch soviel überhaupt als historisches Faktum aufstellen, *dass die Sorgfalt für die körperliche und geistige Bildung in Griechenland sehr gross und vorzüglich von Ideen der Schönheit geleitet war.*

25

Wenn nun irgend eine Vorstellung menschlicher Vollkommenheit Vielseitigkeit und Einheit hervorzubringen im Stande ist; so muss diess diejenige sein, die von dem Begriff der Schönheit und der Vorstellung der sinnlichen ausgeht. Dieser Vorstellungsart zufolge darf es dem moralischen Menschen ebensowenig am richtigen Ebenmaasse der einzelnen Charakterseiten mangeln, als einem schönen Gemählde oder einer schönen Statue an dem Ebenmaasse ihrer Glieder; und wer, wie der Grieche, mit Schönheit der Formen genährt, und so enthusiastisch, wie er, für Schönheit und vorzüglich auch für sinnliche gestimmt ist, der muss endlich gegen die moralische Disproportion ein gleich feines Gefühl besizen, als gegen die physische. Aus allem Gesagten ist also *eine grosse Tendenz der Griechen, den Menschen in der möglichsten Vielseitigkeit und Einheit auszubilden,* unläugbar.

Bemerken muss ich hier — und zwar gerade hier, weil hier am leichtesten der Einwurf entstehen kann, dem die Bemerkung begegnen soll — dass, was hier von dem Charakter der Griechen gesagt ist, zwar unmöglich von einer ganzen Nation in allen ihren einzelnen Individuen buchstäblich wahr sein kann. Gewiss ist es aber doch, dass es einzelne Individuen der beschriebnen Stimmung wirklich gab, dass diese nicht allein häufiger, als anderswo existirten, sondern dass auch gleichsam Nüancen dieser Stimmung in der ganzen Nation verstreut waren, und dass die Schriftsteller, vorzüglich die Dichter und Philosophen — gleichsam der Abdruk des Geistes des edelsten Theils der Nation — auf solche Charaktere vorzüglich führen; und mehr ist nicht nothwendig, um die Erreichung des Zweks möglich zu machen, zu welchem hier das Studium der Alten empfohlen wird.

26

Diese Sorgfalt für die Ausbildung und diese Art der Ausbildung des Menschen zu befördern, trugen noch andre, in der äussren Lage der Griechen gegründete Umstände bei. Zu diesen rechne ich vorzüglich folgende; 1., *die Sklaverei.* Diese überhob den Freien eines grossen Theils der Arbeiten, deren Gelingen einseitige Uebung des Körpers und des Geistes — mechanische Fertigkeiten — erfordert. Er hatte nun Musse, seine Zeit zur

Ausbildung seines Körpers durch Gymnastik, seines Geistes durch Künste und Wissenschaften, seines Charakters überhaupt durch thätigen Antheil an der Staatsverfassung, Umgang, und eignes Nachdenken zu bilden. — Dann erhob auch den Freien die Vorstellung seiner Vorzüge vor dem Sklaven, die er nicht bloss dem Glük zu danken glaubte, sondern auf die er durch persönliche Erhabenheit, und — bei der, freilich durch ihren Stand entsprungnen Herabwürdigung der Sklaven — mit Recht, Anspruch machte; die er auch zum Theil, wie bei der Vertheidigung des Vaterlandes, mit Gefahren und Beschwerden erkaufte, die der Sklave nicht mit ihm theilte. — Hieraus zusammengenommen bildete sich die Liberalität, die sich bei keinem Volke wieder in dem hohen Grade findet, d. i. diese Herrschaft edler, grosser, eines Freien wahrhaft würdiger Gesinnungen in der Seele, und dieser lebendige Ausdruk derselben in der Stattlichkeit der Bildung und der Grazie der Bewegungen des Körpers.

27

2., *die Regierungsverfassung und politische Einrichtung überhaupt.* Die einzige eigentlich gesezmässige Verfassung in Griechenland war die republikanische, an welcher jeder Bürger mehr oder minder Antheil nehmen konnte. Wer also etwas durchzusezen wünschte, musste, da ihm Gewalt fehlte, Ueberredung gebrauchen. Er konnte also Studium der Menschen, und Fähigkeit sich ihnen anzupassen, Gewandtheit des Charakters, nicht entbehren. Aber das oft überfein ausgebildete Volk verlangte noch mehr. Es gab nicht bloss der Stärke oder der Natur der Gründe nach, es sah auch auf die Form, die Beredsamkeit, das Organ, den körperlichen Anstand. Es blieb also beinah keine Seite übrig, welche der Staatsmann ungestraft vernachlässigen durfte. Dann erforderte die Staatsverwaltung noch nicht abgesonderte weitläuftige Fächer von Kenntnissen, noch Talente dieser Art. Die einzelnen Theile derselben waren noch nicht so getrennt, dass man sich ausschliessend für sein Leben nur Einem gewidmet hätte. Dieselben Eigenschaften, die den Griechen zum grossen Menschen machten, machten ihn auch zum grossen Staatsmann. So fuhr er, indem er an den Geschäften des Staats

Theil nahm, nur fort, sich selbst höher und vielseitiger auszubilden.

28

3., *die Religion.* Sie war ganz sinnlich, beforderte alle Künste, und erhob sie durch ihre genaue Verbindung mit der Staatsverfassung zu einer bei weitem höheren Würde und grösseren Unentbehrlichkeit. Dadurch nährte sie nicht allein das Schönheitsgefühl, von dem ich oben sprach (24), sondern machte es auch, da an ihren, immer von den Künsten begleiteten Cärimonien das ganze Volk Theil nahm, allgemeiner. Indem nun, wie ich vorhin (25) zu zeigen versucht, diess Schönheitsgefühl die richtige und gleichmässige Ausbildung des Menschen beförderte, trug sie mittelbar hiezu ganz vorzüglich bei.

29

4., *den Nationalstolz.* Wie der Grieche überhaupt einen hohen Grad von Lebhaftigkeit und Reizbarkeit besass, so drukte sich diese vorzüglich stark in dem Gefühl für Ehre und Nachruhm aus, und bei der engen Verbindung des Bürgers mit dem Staat in Gefühl für Ehre der Nation. Da nun der Werth der Nation auf dem Werthe ihrer Bürger beruhte, und von diesem vorzüglich ihre Siege im Kriege und ihre Blüthe im Frieden abhieng, so verdoppelte dieser Nationalstolz die Aufmerksamkeit auf die Ausbildung des persönlichen Werths. — Dann eignete sich der Ruhm der Nation jedes Verdienst oder Talent eines Einzelnen ihrer Mitbürger zu. Die Nation nahm also jedes in Schuz, und hieraus entstand ein neuer Grund der Achtung für Künste und Wissenschaften.

30

5., *die Trennung Griechenlands in mehrere kleine Staaten.* Wenn ein Staat allein und für sich existirt; so nimmt die Ausbildung seiner Kräfte den Weg, den eine einzelne Kraft nehmen muss. Sie erhöht sich in sich, und wenn sie ein gewisses Maass erreicht hat, artet sie in etwas andres aus. Ihre Ausartungen sind aber immer in ihr allein motivirt, und damit ist allemal Einseitigkeit, nur mehr oder minder, verbunden. In Griechenland aber machte die gegenseitige Gemeinschaft der verschiednen Nationen, die fast alle auf verschiednen Graden der Kultur standen, und eine sehr verschiedne Art der Ausbildung besassen, dass sich von einer Nation auf die andre manches übertrug, und wenn auch, bei der Einrichtung der alten Nationen, das Fremde nur schwer bei ihnen Eingang finden konnte, so gieng doch immer mehr über, als wenn jede abgesondert existirt hätte. Diess geschah aber um so mehr, als doch alle immer Griechen, und also in der ursprünglichen Anlage der Charaktere einander gleich waren, so dass dadurch Uebergänge der Sitten von der einen zur andren erleichtert wurden. — Ja wenn auch diese nicht Statt fanden, machte dennoch das blosse neben einander Existiren und die gegenseitige Eifersucht, dass die eine Vorzüge nicht vernachlässigen durfte, durch welche die andre überlegen werden konnte, und aufs mindeste sezte diese Eifersucht die Kräfte einer jeden in thätigere Bewegung.

31

3. Moment. (16) Viele zusammenkommende Ursachen brachten zwar bei den Alten sehr entschiedene Nationalcharaktere und daher weniger Diversität in dem Charakter und der Ausbildung der einzelnen Bürger hervor, und so herrschte unter diesen von dieser Seite eine verhältnissmässig geringere Mannigfaltigkeit, als unter den Neueren. Allein auf der andren Seite machten doch auch hievon die mehr wissenschaftlich gebildeten Nationen eine beträchtliche Ausnahme, und ausserdem kamen 2 Umstände zusammen, jene Mannigfaltigkeit wieder, und vielleicht um mehr zu befördern, als sie von jener Seite her litt. l., *die Phantasie des Griechen* war so *reizbar von aussen,* und *er selbst in sich so beweglich,* dass er nicht bloss für jeden Ein-druk in hohem Grade empfänglich war, sondern auch jedem einen grossen Einfluss auf seine Bildung erlaubte, durch den wenigstens die ihm an sich eigenthümliche eine veränderte Gestalt annahm.

32

2., die Religion übte schlechterdings keine Herrschaft über den Glauben und die Gesinnungen aus, sondern schränkte sich auf Cärimonien ein, die jeder Bürger zugleich immer von der politischen Seite betrachtete; und ebensowenig legten die Ideen von Moralität dem Geiste Fesseln an, da dieselbe nicht auf einzelne Tugenden und Laster, nach dem Maasse einer einseitig abgewägten Nüzlichkeit oder Schädlichkeit beschränkt war, sondern vielmehr überhaupt nach Ideen der Schönheit und Liberalität bestimmt wurde.

33

4. Moment. (17) Ein den Griechischen Charakter vorzüglich auszeichnender Zug ist, wie oben (23) bemerkt worden, ein ungewöhnlicher Grad der Ausbildung des Gefühlsund der Phantasie in einer noch sehr frühen Periode der Kultur, und ein treueres Bewahren der kindlichen Einfachheit und Naivetät in einer schon ziemlich späten. *Es zeigt sich daher in dem Griechischen Charakter meistentheils der ursprüngliche Charakter der Menschheit überhaupt,* nur mit einem so hohen Grade der Verfeinerung versezt, als vielleicht nur immer möglich sein mag; und vorzüglich ist der Mensch, welchen die Griechischen Schriftsteller darstellen, aus lauter höchst einfachen, grossen und — wenigstens aus gewissen Gesichtspunkten betrachtet — immer schönen Zügen zusammengesezt. Das Studium eines solchen Charakters muss in jeder Lage und jedem Zeitalter allgemein heilsam auf die menschliche Bildung wirken, da derselbe gleichsam die Grundlage des menschlichen Charakters überhaupt ausmacht. Vorzüglich aber muss es in einem Zeitalter, wo durch unzählige vereinte Umstände die Aufmerksamkeit mehr auf Sachen, als auf Menschen, und mehr auf Massen von Menschen, als auf Individuen, mehr auf äussren Werth und Nuzen, als auf innere Schönheit und Genuss gerichtet ist, und wo hohe und mannigfaltige Kultur sehr weit von der ersten Einfachheit abgeführt hat, heilsam sein, auf Nationen zurükzublikken, bei welchen diess alles beinah gerade umgekehrt war.

34

Ein zweiter vorzüglich charakteristischer Zug der Griechen ist die hohe Ausbildung des Schönheitsgefühls und des Geschmaks und vorzüglich die allgemeine Ausbreitung dieses Gefühls unter der ganzen Nation, wovon sich Beispiele in Menge aufzählen lassen. Nun aber ist keine Art der Ausbildung in allen Zeiten und Erdstrichen so unentbehrlich, als gerade diese, die das ganze Wesen des Menschen, wie es an sich beschaffen sein möge, erst gleichsam in Eins vereint, und ihm die wahre Politur und den wahren Adel ertheilt; und nun ist auch gerade keine jezt und bei uns so nothwendig, als diese, da es bei uns so eine Menge von Tendenzen giebt, die geradezu von allem Geschmak und Schönheitsgefühl entfernen müssen.

35

So ist die Stimmung des Charakters der Griechen nach allen oben aufgezählten Momenten überaus vortheilhaft für das Studium des Menschen überhaupt an derselben, als einem einzelnen Beispiele. Aber diess *Studium* ist auch bei ihnen vorzüglich *möglich* aus folgenden 2 Umständen: 1., hat sich eine überaus beträchtliche Menge von Denkmälern der Griechischen Welt erhalten, vorzüglich eine Menge litterarischer, welche in jeder Rüksicht zu dem gegenwärtigen Zwekke die wichtigsten sind. 2., erfordert das Studium einer Nation, und vorzüglich aus ihren Denkmälern, ohne lebendiges Anschauen, wenn es irgend gelingen soll, sowohl an sich einen entschiedenen National-Charakter, als auch überhaupt abgeschnittene, mit denen des Studirenden kontrastirende Züge. Nun aber geht die Bildung des Menschen in Massen immer der Bildung der Individuen voraus, und darum und aus andren hinzukommenden Ursachen haben alle anfangende Nationen sehr entschiedene und abgeschnittene Nationalcharaktere. Bei den Griechen aber vereinigten sich, diess zu befördern, noch andre, ihnen eigenthümliche Umstände.

36

Giebt man zu, dass man in der That zu dem hier ins Licht gestellten Endzwek des Studiums Einer Nation vorzugsweise bedarf; so lässt sich nun auch bald entscheiden: *ob leicht eine andre an die Stelle der Griechischen treten könne?* Es müssten nemlich von einer solchen alle hier aufgestellte Gründe und zwar, welches wohl zu bemerken ist, zusammengenommen gelten, oder die mangelnden durch andre gleich wichtige ersezt werden. Die stärksten unter denselben aber beruhten alle mittelbar und unmittelbar darauf, dass die Griechen, wenigstens für uns, eine anfangende Nation sind. (18 — 23 33 35) Diess Erforderniss wird also auch unumgänglich nothwendig und unerlasslich sein. Ob sich nun in irgend einem noch unentdekten Erdstrich eine solche Nation zeigen wird welche mit dieser Eigenthümlichkeit die übrigen, oder ähnliche, oder höhere Vorzüge, als die Griechische, verbände, oder ob genauere Bekanntschaft mit den Chinesern und Indianern diese als solche Nationen zeigen wird? ist im Voraus zu entscheiden nicht möglich. Dass aber weder die Römische, noch gar eine neuere Nation an ihre Stelle treten könne, bewirkt schon der einzige Umstand, dass diese alle aus den Griechen mittelbar und unmittelbar schöpften; und von den übrigen, mit den Griechen gleich alten Nationen haben wir zu wenig Denkmäler übrig. Meines Erachtens werden also die Griechen immer in dieser Rüksicht einzig bleiben; nur dass diess nicht gerade ein ihnen eigner Vorzug, sondern mehr eine Zufälligkeit ihrer und unsrer relativen Lage ist.

37

Wenn das Studium der Griechen in der Absicht unternommen wird, die ich hier dargestellt habe, so erfordert es natürlich seine eignen allgemeinen und besondren Vorschriften. Die allgemeinsten und hauptsächlichsten möchten etwa folgende sein: l., der Nuzen eines solchen Studiums kann nie durch eine, auch von dem gelehrtesten Manne und dem grössesten Kopfe entworfene Schilderung der Griechen erreicht werden. Denn einmal wird dieselbe immer, wenn sie völlig treu sein soll, nicht individuell genug sein können, und wenn sie völlig individuell sein soll, wird es ihr an Treue mangeln müssen; und zweitens besteht auch der grösseste Nuzen eines solchen Studiums nicht gerade in dem Anschauen eines solchen Charakters, als der Griechische war, sondern in dem eignen Aufsuchen desselben. Denn durch dieses wird der Aufsuchende selbst auf eine ähnliche Weise gestimmt; Griechischer Geist geht in ihn über; und bringt durch die Art, wie er sich mit seinem eignen vermischt, schöne Gestalten hervor. *Es bleibt daher nichts, als eignes Studium übrig, in unaufhörlicher Rüksicht auf diesen Zwek unternommen.*

38

2., *muss das Studium der Griechen selbst nach einer gewissen systematischen, und auf diesen Endzwek bezogenen Ordnung vorgenommen werden.* Denn wenn gleich alle Schriftsteller in Rüksicht auf diesen Zwek wichtig sind; so hält man sich doch billig fürs erste allein an die reichsten, und wählt in diesen eine feste Ordnung, die aber hier schwer zu finden ist, da, wenn man auf die Materien sehen will, man hier eigentlich nicht die Gattung der Schriftsteller, sondern der Sachen, die sie behandeln, betrachten müsste, und wenn man der Zeit folgen will, es schwer ist, nur zu bestimmen, ob man auf die Periode des Lebens des Schriftstellers, oder auf die der von ihm behandelten Gegenstände, oder auf beides gewissermaassen zugleich sehen solle?

39

3., *muss man am längsten nicht allein bei den Perioden verweilen, in welchen die Griechen am schönsten und gebildetsten waren, sondern auch gerade im Gegentheil ganz vorzüglich bei den ersten und frühesten.* Denn in diesen liegen eigentlich die Keime des wahren Griechischen Charakters; und es ist leichter und interessanter in der Folge zu sehen, wie er nach und nach sich verändert, und endlich ausartet. — Auch passen mehrere der im Vorigen ausgeführten Gründe (22 23 33) ganz vorzüglich nur auf diese frühen Perioden.

40

Die Hülfsmittel zu diesem Studium und insbesondre in der hier entwikkelten Absicht sind vorzüglich folgende: 1., *unmittelbare Bearbeitung der Quellen selbst durch Kritik und Interpretation.* Diese verdient natürlich die erste Stelle.

41

2., Schilderung des Zustandes der Griechen, *Griechische Antiquitäten im weitesten Sinne des Worts,* welchem der hier aufgestellte Endzwek die höchste Ausdehnung giebt. Diese Hülfsarbeit ist nothwendig theils zum Verständniss der einzelnen Quellen, theils zur allgemeinen Uebersicht, und zur Einleitung in das gesammte Studium überhaupt. Jeder Schriftsteller behandelt nur einen einzelnen Gegenstand, und man ist das Einzelne nicht im Stande in seiner ganzen Anschaulichkeit aufzufassen, ohne von der Lage überhaupt gehörig unterrichtet zu sein.

42

3., *Uebersezungen.* Diese können in Absicht des über-sezten Schriftstellers einen dreifachen Nuzen haben, 1., ihn diejenigen kennen zu lehren, die sein Original nicht selbst zu lesen im Stande sind. 2., für denjenigen, der das Original selbst liest, zum Verständniss desselben zu dienen. 3., denjenigen, der das Original zu lesen im Begriff ist, vorläufig mit ihm bekannt zu machen, ihn in seine Manier, seinen Geist einzuweihen. Bestimmt man die Wichtigkeit dieses verschiednen Nuzens nach dem hier genommenen Gesichtspunkt, so ist der 1ste der kleinste und geringfügigste; der 2te wichtiger, aber immer klein, da gerade hiezu Uebersezungen die schlechteren Hülfsmittel sind; der 3te aber der wichtigste, da durch ihn die Uebersezung zum Lesen des Originals reizt, und bei dem Leser selbst auf eine höhere Art unterstüzt, indem sie nicht einzelne Stellen verständigt, sondern den Geist des Lesers gleichsam zum Geist des Schriftstellers stimmt, auch der leztere noch klärer erscheint, wenn man ihn in dem zwiefachen Medium zwei verschiedner Sprachen erblikt. Die Erreichung dieses lezten Nuzens muss allein auf die Schäzung des Originals führen, und so ist der höchste Nuzen einer Uebersezung derjenige, welcher sie selbst zerstört. Die Haupterfordernisse einer Uebersezung wechslen nun nach diesem dreifachen Zwekke. Zu dem 1sten wird Anpassung des übersezten alten Schriftstellers auf den modernen Leser, also oft absichtliche Abweichung von der Treue erfordert; zu dem 2ten Treue der Worte und des Buchstabens; zu dem 3ten Treue des Geistes, wenn ich so sagen darf, und des Gewandes, worin er gekleidet ist, wobei also vorzüglich viel auf die Nachahmung der Diktion bei Prosaikern und des Rhythmus und des Versbaues bei Dichtern ankommt.

43

Um den im Vorigen dargestellten *Nuzen* in seiner ganzen Grösse hervorzubringen, erfordert das Studium des Alterthums die grösseste, ausgebreitetste, und genaueste Gelehrsamkeit, die sich natürlich nur bei sehr Wenigen finden kann. Allein der Nuzen ist immer, wenn gleich in geringeren Graden auch da vorhanden, wo man sich nur überhaupt, wenn gleich mit minderem Streben nach Gründlichkeit, mit diesem Studium beschäftigt; und er theilt sich endlich auch sogar allen denen mit, welchen diess Studium auch ewig ganz fremd bleibt. Denn in der Verbindung einer hoch kultivirten Gesellschaft kann im genauesten Verstande jede Kenntniss eines Einzelnen ein Eigenthum Aller genannt werden.

LATIUM UND HELLAS ODER BETRACHTUNGEN ÜBER DAS CLASSISCHE ALTERTHUM

Dionysius Hal. Antiquit.I. 4. ἡ δε Ρωμαιων πολις — χατοιχεῖται. Die Stadt der Römer beherrscht die ganze Erde, so weit sie nicht unzugänglich ist, und von Menschen bewohnt wird.

Es giebt einen vierfachen Genuss des Alterthums:

in der Lesung der alten Schriftsteller,
in der Anschauung der alten Kunstwerke,
in dem Studium der alten Geschichte,
in dem Leben auf classischem Boden. — Griechenland, Empfindungen tieferer Wehmuth. Rom, höherer Standpunkt, mehr Vollständigkeit der Uebersicht.

Alle diese verschiedenen Genüsse geben im Ganzen denselben, nur zu anderen Graden gesteigerten Eindruck, und das Charakteristische dieses Eindrucks besteht darin,

dass jeder andre Gegenstand immer nur zu einer einzelnen Beschäftigung tauglich, das Alterthum hingegen eine bessere Heimath, zu der man jedesmal gern zurückkehrt, scheint,

dass von ihm aus alle mannigfaltigen menschlichen Sinnes und Vorstellungsarten verständlich werden, die man, wenn man unmittelbar von einer zur andern übergienge, nicht leicht verstehen würde,

dass viele andre Gegenstände auf vielfache Weise ergreifen, allein keiner so alle Ansprüche befriedigt, so in nichts anstösst, so eine vollkommene und zugleich energische Ruhe einflösst,

dass die Beschäftigung mit dem Alterthume die Untersuchung nie zu einem Ende und den Genuss nie zur Sättigung führt, dass es scheint, als könne man auf einem kleinen, eng begrenzten Felde in immer unergründlichere Tiefe graben, um immer grössere Ansichten zu erhalten, dass die längst bekannten Formen immer zu neuer Erhabenheit und Lieblichkeit übergehen, und zu neuem Einklang zusammentreten.

Was diesen Eindruck hervorbringt, kann man die Behandlungsart der Alten nennen.

Das Eigenthümlichste dieser Behandlungsart nun ist:

die menschliche Natur in ihren individuellsten und einfachsten Wirkungen, bloss durch Läuterung und Zusammenhaltung, überall das Idealische anspielen zu lassen;

mit der höchst möglichen Freiheit von stoffartigem Interesse immer nur diese Form vor Augen zu haben, diesen Uebergang vom Individuellen zum Idealen, vom Einfachsten zum Höchsten, vom Einzelnen zum Universum, ihn wie einen freien Rhythmus, nur mit ewig verschiedenem untergelegtem Texte überall ertönen zu lassen;

daher alles im Ganzen und Einzelnen, nur mehr oder minder, symbolisch zu behandeln, und darin mit so glücklichem Tacte begabt zu seyn, dass ebensosehr die Reinheit der Idee, als die Individualität der Wirklichkeit geschont wird. — Hierbei Bestimmung des Begriffs des Symbols und Warnung nicht das Sichtbare und Unsichtbare so zu trennen, als sey eins bloss die Hülle des sonst unabhängigen Andern.

Der Geist, der sich eine solche Behandlungsart erschafft (denn Schöpfer derselben waren die Griechen unläugbar) muss ihr selbst ähnlich seyn. Auf eine wenig verschiedene, aber die Ansicht weiter führende Weise lässt sich nun der Griechische (der, welchen allein man sich als Urheber der ächt griechischen Werke denken kann) auch so beschreiben:

dass sein wesentlicher Charakter darin besteht, die Form der menschlichen Individualität, wie sie seyn sollte, darzustellen, und zwar, welches eine mehr zufällige Nebenbe-schaffenheit ist, dies vorzugsweise an Gegenständen der Anschauung zu thun.

Dies zu erklären wird eine Episode über Individualität, wie sie ist und seyn sollte, erfordert.

Eine fast oberflächliche Betrachtung und ein geringes Nachdenken geben schon folgende Sätze an die Hand.

Soviel sich auch ein Charakter nach seinen Aeusserungen und selbst seinen Eigenschaften schildern lässt, so bleibt die eigentliche Individualität immer verborgen, unerklärlich und unbegreiflich. Sie ist das Leben des Individuums selbst, und der Theil, der von ihr erscheint, ist der geringste an ihr.

Auf gewisse Weise lässt sie sich indess doch als die Consequenz eines gewissen Strebens, das eine Menge anderer ausschliesst, erkennen; als etwas positiv Werdendes durch Beschränkung.

Diese Beschränkung führt vermöge der Einrichtung unsrer Vernunft auf ein über dem Individuum stehendes Ideal.

Die Vergleichung mehrerer Individuen mit diesem und unter sich macht die Ansicht der gegenseitigen Ergänzung verschiedener zur Darstellung des Ideales möglich, und einige Individuen führen ausdrücklich zu derselben.

Das auffallendste Beispiel hiervon ist die Verschiedenheit der Geschlechter, und ein auf dieselbe vorzüglich aufmerksames Gemüth kann durch sie am vollständigsten das Verhältniss des Individuums zum Ideal kennen lernen, und von ihr aus am leichtesten alle andre ähnliche in der Schöpfung vorkommende Fälle auffinden.

Besonders an diesem Beispiele lernt man, dass es auch für die beschränktere Klasse, und endlich sogar für das Individuum ein Ideal giebt, das man dadurch erreicht, dass man die Consequenz des Strebens strenger und weniger einseitig macht, oder anders ausgedrückt die Eigenthümlichkeit mehr durch das, was sie ist, als was sie ausschliesst, an den Tag legt.

Da aber jedes Wesen nur dadurch etwas seyn kann, dass es etwas anderes nicht ist, so ist ein wahrer, nicht aufzuhebender Widerstreit, und eine unüberspringbare Kluft zwischen jedem und jedem auch der verwandtesten Individuen und zwischen allen und dem Ideal, und das Gebot in der Individualität das Ideal zu erreichen ist von unmöglicher Ausführung.

Dennoch kann dies Gebot nicht aufgehoben werden.

Jener Widerstreit muss daher nur scheinbar seyn, und in der That entsteht er nur aus einer unrichtigen Trennung dessen, was, richtiger gefühlt, Eins und dasselbe ist.

Nichts Lebendiges und daher keine Kraft keiner Art kann als eine Substanz angesehen werden, die entweder selbst, oder in der irgend etwas ruhte; sondern sie ist eine Energie, die einzig und allein an der Handlung hängt, die sie in jedem Moment ausübt. Die längste Vergangenheit existirt nur noch in dem gegenwärtigen Moment, und das ganze Universum wäre vernichtet, wenn sein jedesmaliges Wirken vernichtet werden könnte.

Keine Kraft ist mit dem, was sie bis jetzt gewirkt hat, vollendet. Sie erhält mit jedem Wirken Vermehrung; sie hat schon einen nie bekannten Ueberschuss über jedes ihr Wirken, und ihre künftigen Erzeugnisse lassen sich nicht nach den vorhergehenden berechnen. Es kann und muss ewig fort Neues entstehen.

Wenn man sich daher ein göttliches allgenugsames und unveränderliches Wesen denkt, so ist das ein Unding. Denn es ist nicht bloss etwas für uns, die wir an Bedingungen der Zeit gebunden sind, Unbegreifliches, sondern enthält, als ruhende Kraft, einen eigentlichen Widerspruch und gründet sich, indem es der Zeit entflieht, auf falsch angewendeten Begriffen von Raum und Substanz. Die wahre Unendlichkeit der göttlichen Kraft beruht auf dem allem Geschaffnen beiwohnenden Vermögen sich ewig neu und immer grösser zu gestalten, kann aber nicht, abgesondert von dem Geschaffenen, hypostasirt werden.

Die individuelle Kraft des Einen ist dieselbe mit der aller Andern, und der Natur überhaupt. Denn ohne das wäre kein Verstehen, keine Liebe und kein Hass möglich; auch erkennt man überall dieselbe Form wieder.

Worin die Geschiedenheit der Individuen besteht? ist schwieriger zu begreifen, und eigentlich unerklärbar. Allein wie, wenn, da der Mensch sich nur durch Reflexion deutlich werden, und diese nur durch das Gegenüberstellen eines Objects und Subjectes geschehen kann, auch die Kraft des Universums, auf der Stufe, auf der wir sie kennen, sich in Vielheit zerspalten müsste, um sich selbst klar zu werden?

Nach dieser Ansicht gewinnt nun der vorhin erwähnte Widerspruch eine ganz verschiedne Gestalt.

Es ist einmal nicht von festen, durch unveränderliche Gränzen umschriebenen Substanzen, sondern von ewig wechselnden Kraftenergien die Rede; es ist ferner überall eine gleiche, vielleicht eine einzige Kraft, die mehr verschiedene Ansichten desselben Resultats, als verschiedene Resultate giebt; und das Ideal ist nur ein Gedankenbild, das eben darum die Allgemeinheit der Idee haben kann, weil ihm die Bestimmtheit des Individuums mangelt.

Denn um sich die individuelle Kraft vollständig vorzustellen, muss man sich, ausser dem beschränkten Daseyn des Moments, noch zweierlei an ihr denken: das verborgene und unergründbare Vermögen derselben, das sich bloss jetzt in solcher Beschränktheit offenbart, und die Ideen, die ein unmittelbarer Abglanz dieses Vermögens sind, die sie aber nicht Kraft besitzt als Wirklichkeit d. i. als Leben gelten zu machen. Daher ist zwischen Idee und Leben zwar ein ewiger Abstand, aber auch ein ewiger Wettkampf. Leben wird zur Idee erhoben und Idee in Leben verwandelt.

So ist, um näher zu unserm Vorwurf zurückzukommen, die Form der Individualität, wie sie seyn sollte, das Aufstreben einer von dem lebendigen Bewusstseyn, dass sie auf das engste mit dem geheimnissvollen, und unergründlichen, aber auch unendlichen Vermögen der Natur zusammenhängt, durchdrungenen Kraft innerhalb der Grenzen einer bestimmten Wirklichkeit zu demjenigen, was jenem verborgnen Vermögen entspricht, aber bloss als Ahndung gefasst und bloss als Idee dargestellt werden kann.

Zu dem Uebergange vom Endlichen zum Unendlichen, der immer nur idealisch ist, taugen ausschliessend die schaffenden Kräfte des Menschen: Einbildungskraft, Vernunft und Gemüth, und diese bedienen sich gewisser Formen, welche nur soviel vom Stoff annehmend, um noch sinnlich zu bleiben, mit eigentlichen Ideen in genauer Verwandtschaft stehend, und daher allbestimmbar, immer einen solchen Eindruck hervorbringen, dass ihre Bestimmtheit niemals beschränkende Gränze scheint.

Diese Formen sind Gestalt, Rhythmus, und Empfindung. Es lässt sich aber wohl noch eine vierte, aber schwer erklärbare hinzufügen, die dem ächten Philosophiren so vorherschwebt, wie das Silbenmass dem noch nicht gefundnen Gedicht.

Die Gestalt steht unter den ewigen Gesetzen der Mathematik des Raums, hat zur Grundlage die ganze sichtbare Natur und spricht auf mannigfaltige Weise zum Gefühl.

Der Rhythmus entspringt aus den geheimnissvollen, aber nothwendigen Verhältnissen der Zahl, beherrscht die ganze tönende Natur, und ist der beständige, unsichtbare Begleiter des Gefühls.

Die Empfindung fügt zu der Form des letzteren die Gewalt des Gefühls, und folgt den leitenden Ideen des Gemüths.

Kehrt man nun zu den einzelnen Eigenschaften des Griechischen Geistes zurück, so findet man die Form der geläuterten Individualität bei ihm in folgenden Momenten:

1. darin, dass alles in ihm Bewegung, ewig mannigfaltig quellendes Leben ist, und es ihm mehr auf Streben, als auf Erstrebtes ankommt.

2. dass das Streben immer idealischer und geistiger Natur

ist.

3. dass es ihm eigen ist, in der Wirklichkeit den wahren und rein natürlichen Charakter der Gegenstände aufzufassen,

4. und ihn in der Verarbeitung idealisch zu behandeln.

5. dass er bei der Wahl eines Stoffs immer, soviel es möglich ist, die Endpunkte alles geistigen Daseyns, Himmel und Erde, Götter und Menschen, zusammennimmt und in der Vorstellung des Schicksals, wie in einem Schlusssteine wölbt.

Die Formen, deren er sich bedient, sind vorzugsweise:

1. die Gestalt der Plastik,

2. der Rhythmus der Dichtkunst,

3. die Empfindung der durch Phantasiebegeisterung geweckten Religion.

Man wird dieser Schilderung vielleicht entgegensetzen, dass sie zu künstlich sey, und behaupten: Griechischer Geist lasse sich hinlänglich durch die Einwirkung einer jugendlichen Natur auf das phantasiereiche Gemüth eines unter glücklichem Himmelstrich und günstigen Zeitumständen auftretenden Volkes erklären. Allein insofern dies von der Möglichkeit der Entstehung einer Nation, wie die Griechische, Rechenschaft geben soll, wird weiter unten die Rede davon seyn. Als Schilderung aber widerspricht ihm das Vorhergehende keinesweges, drückt es aber nur bestimmter und erschöpfender aus.

Denn es endigt darin, dass es den Griechen die Bahn von der schlichtesten NaturEinfachheit bis zur unerreichbarsten Schönheit und Erhabenheit ewig von neuem beginnen und zurücklegen lässt, und seine Eigenthümlichkeit in die Verbindung eines höchst praktischen und höchst idealischen Charakters setzt.

Ueberhaupt lässt sich jede bedeutende menschliche Eigenthümlichkeit durch mannigfaltige Ansichten schildern, von denen eine nur bald bestimmter, bald leichter erklärbar, bald fruchtbarer ist, als die andern. Eine, die sich unmittelbar aus dem Vorigen ergiebt, und sich durch vielfache Anwendbarkeit empfiehlt, ist noch folgende;

Alles, was Griechischer Geist hervorbrachte, athmet tief aufgefasste Ansicht der Form der Natur, und unverwandte Richtung der Phantasie auf die ewigen und steten Gesetze des Raums und des Rhythmus. Beides kommt in dem Begriffe der Organisation zusammen, der die ganze lebendige Natur beherrscht, und selbst wieder durch die höheren Verhältnisse des

Raums und der Zahl beherrscht wird. Da zugleich Leben und Organisation sich wechselseitig fordern, so sprach den Griechen in dem Organischen zugleich die von innen aus bildende Kraft an. Dieser vorherrschende Begriff des Organismus in ihm machte nun, dass er alles scheute und verachtete,

was sich nicht in klaren Verhältnissen zu Theilen und Ganzen aus einander legte,

was nicht seinen Stoff und selbst seine Form der Idee eines Ganzen unterordnete,

was nicht eine innere, frei wirkende Kraft athmete.

Mehr aber sinnlicher, als intellectueller Natur liebt der Grieche nur was sich ohne Mühe zusammenfügt, und die Idee unendlicher, immer wieder in sich organischer Theile, die sich leicht an einander gliedern, und eines Ganzen, das leicht in solche Theile zerfällt, ist eine zur Schilderung und Erklärung Griechischer Eigenthümlichkeit überaus fruchtbare Idee.

Nachdem wir das Bisherige im Allgemeinen vorausgeschickt haben, wollen wir jetzt, die hauptsächlichsten Gegenstände, aus denen sich der Griechische Geist noch erkennen lässt, durchgehend, versuchen, kurz und in wenigen Momenten das vorzüglich Charakteristische an ihnen darzustellen; wir thun dies nach einander an

der Kunst,

der Dichtung,

der Religion,

den Sitten und Gebräuchen,

dem öffentlichen und Privatcharakter und der Geschichte.

l. an der Kunst.

Der einzige Grundsatz, welcher zu einer richtigen Erklärung der Griechischen Kunst führt, ist der, dass sie gerade einen entgegengesetzten Weg ging, als man gewöhnlich voraussetzt, nicht, von roher Nachahmung der Natur beginnend, sich zum Götterideale erhob, sondern, ausgehend von dem reinen Sinn für die allgemeinen Formen des Raums, für Symmetrie und Richtigkeit der Verhältnisse, sich aus ihnen ein Götterideal schuf, und so zu den Menschen herabstieg.

Es wird lächerlich scheinen, der Griechischen Kunst einen Gang a *priori* anzuweisen, sie eher aus den trocknen Formeln der Mathematik, als der quellenden Fülle des Lebens herzuleiten. Allein ich berufe mich auf das Unheil eines jeden, der die Antike mit gesundem Gefühle zu sehen versteht, ob — es verhalte sich auch mit der Wahrheit, wie es wolle — es nicht wenigstens vollkommen so scheint, als habe der Griechische Künstler seinen Weg von der Idee aus und nicht zur Idee hin genommen. Dann versteht es sich von selbst, dass bei der Kunst, in der nothwendig Idee und Erfahrung zusammentreten, nie von einem Ausschliessen, sondern nur von einem Vorwalten einer von beiden die Rede seyn kann. Auch macht folgende Herleitung das Gesagte vielleicht begreiflicher und minder paradox.

Die neuere Kunst, insofern sie nicht die alte und im alten Sinn nachbildet, geht in der Darstellung auf Naturnachahmung aus, und hascht in der Bedeutung nach Schönheit oder Charakter, oder nach beidem zugleich. Sie behandelt die Natur, ohne einen Schlüssel zu haben, durch den sie dieselbe zur Erkennung der reinen allein brauchbaren Formen, die von ihrer unendlichen Mannigfaltigkeit und Individualität bedeckt und gleichsam eingehüllt sind, erschliessen könnte, und von den Zielen, die sie sich vorsetzt, ist eins dunkel und schwer bestimmbar, und das andere führt leicht auf ein Gebiet, dem die Kunst fremd ist.

Die neuere Kunst ist hierin zu entschuldigen, weil selbst die Leichtigkeit der Ausführung, die soviele Vorübungen ihr verschaft haben, sie verführt, weil sie unübertrefliche Vorbilder hat, und verleitet wird, diesen unmittelbar gleichkommen zu wollen, ohne nur in ihnen die mühvolle Bahn zu studiren, welche sie, so wie ihre ältere Schwester, noch gegenwärtig durchgehen müsste.

Die Griechische Kunst beherrschte die Mannigfaltigkeit der Natur durch den einfachen Begriff des organischen Verhältnisses, und gelangte zu Schönheit und Charakter, ohne unmittelbar nach ihnen zu streben, und einzig bemüht, ihrem Werk jene einfachen Formen in möglichster Richtigkeit und Symmetrie einzuprägen.

Die Griechische Kunst hätte indess diesen Weg nie einschlagen können, wenn sie, so zu sagen, vom Anfang hätte anheben sollen, und nicht nur aufgenommen hätte, was ein anderes Volk mit tiefem, nur zu starrem Sinn, und eisernem, nur zu einförmigem Fleisse Jahrhunderte hindurch ausgearbeitet hatte. Die Aegyptische zwar steife, aber grandiose, und in den Verhältnissen bis zur Gewissenhaftigkeit genaue Kunst durfte nur einen freieren und glücklicheren Schwung erhalten, und Aegyptische Wissenschaft machte die Griechen mit mathematischen Grundsätzen bekannt, die vielleicht (wie die Kugellehre, die Herkules aus Aegypten gebracht haben sollte) sehr einfach waren, aber den jugendlichen Geist, der hier zum erstenmal durch Ideenschönheit gerührt wurde, unendlich mächtig ergriffen.

Da die Bestimmung der Griechischen Kunstwerke ursprünglich eine religiöse war, so gewann der Begriff des Verhältnisses eine doppelte Aufmerksamkeit. Denn die Griechen verschmähten die überirrdische Macht der Götter hieroglyphisch in Zeichen anzudeuten, und suchten dieselbe in dem Ebenmass ihrer Glieder unmittelbar auszudrücken, indem sie ihrer Gestalt den Typus der Gesetze der Harmonie und der Ordnung anbildeten, nach welchen die Sphären und die Gestirne sich bewegten, und nach welchen sie selbst das Weltall regierten.

Diese Verhältnisse beherrschen aber Glieder eines organischen Körpers, die eine ihm einwohnende Kraft belebt, und hierin nun liegt die wundervollste Eigenthümlichkeit der alten Kunst, dass jeder einzelne Theil nur dieser Kraft zu entströmen, und sich in sie zurückzusenken scheint. Begreiflich zu machen, wie dies zugeht, zu zeigen, wie es zu machen sey, ist durchaus unmöglich; es ist der Theil der Kunst, der sich nicht durch Richtigkeit der Verhältnisse, Wahl der Formen, Nachbildung der Natur u. s. f. erklären lässt, da es in nichts Einzelnem liegt, sondern vielmehr alles Einzelne zusammenschmelzt und belebt. Aber auf folgende Weise ist es dennoch möglich, dem Geheimniss etwas näher zu rücken.

Der menschliche Geist hat eine unläugbare Kraft, unmittelbar selbst und in seiner eigenthümlichsten Gestalt aus sich herauszustrahlen, an einem Stoffe zu haften, sobald dieser nur von einer Idee, als etwas seiner Natur Verwandtem, be-zwungen ist, und an ihm erkennbar zu seyn. Inwiefern ihm dieses gelingen soll, hängt von seiner Anstrengung und unverwandten Richtung, und der Reinheit und Macht ab, mit welcher die Idee in dem gegebenen Stoff ausgeprägt ist. Dadurch also, dass die Phantasie des griechischen Künstlers von der Idee dieser sein Kunstwerk belebenden, und jeden Theil desselben aus sich erzeugenden Kraft durchaus begeistert war, und dass sie seinem Sinn mehr Grösse und Innigkeit, seinem Auge mehr Schärfe, seiner Hand mehr Sicherheit gab, lässt sich die wundervolle Erscheinung einigermassen erklären. Denn daraus kann eine Consequenz und ein Zusammenstimmen der unmerkbarsten Theile aller Umrisse entstehen, die jedem Mass und jeder Andeutung im Einzelnen entflieht, und selbst an der Stärke und Zartheit, mit der zwei übrigens vollkommen gleiche Linien gezogen sind, ist die verschiedene Phantasiekraft des Künstlers erkennbar.

Worauf also der Griechische Künstler vorzüglich hinarbeitete, war etwas, das er der Tiefe seines Werks anvertraute, damit es aus ihm wieder als freies Leben hervorstralte; er hielt sich gern innerhalb bestimmt abgesteckter Grenzen, weil er dies kleine Feld anders und anders fruchtbar zu machen verstand; suchte mehr Einfachheit, als Mannigfaltigkeit, mehr Festigkeit, Richtigkeit und Strenge, als Leichtigkeit und Reiz. Dadurch und durch die äussere religiöse oder doch öffentliche Bestimmung der Kunst, durch die Lehrmethode in Schulen, und durch eine edle Scheu, das einmal treflich Erfundene zu verunedlen, entstand das Arbeiten in bestimmten Charakteren, und da man unverrückt die grössesten und reinsten Verhältnisse der Gestalt und das tiefste Leben im Auge behielt, in idealen Göttercharakteren.

Was aber am meisten Bewunderung verdient, ist dass schon in der Epoche der strengeren Kunst immer Trockenheit und Härte vermieden blieb, und hiernach alle Fülle des Lebens so sehr jene ursprünglichen grossen Formen umgoss, dass die schlichteste Naturnachahmung bloss in einem edleren Element ihre irdische Dürftigkeit ausgetilgt zu haben schien. Die Kunst keiner Nation und keines Zeitalters schäumt von einem solchen Reichthum und einer solchen Ueppigkeit der Gestalten über, und hier bewährt sich aufs neue die Treflichkeit der nie verlassnen Grundmethode. Denn wie er nicht der Riesenmasse der Aegypter bedarf um gross zu erscheinen, so fordert sein Reichthum nicht übermässige Vielfachheit der Gestalten. Aus der tiefen Kraft, die er seinen Werken einhaucht, quillt eben so wohl die Ueppigkeit einer Bacchantin, als die Erhabenheit eines Zeus. Er ist gross ohne Uebertreibung und reich ohne Aufwand.

Aber wie die reine Form der Verhältnisse in der einzelnen Gestalt vorwaltet, ebenso thut sie in der Mannigfaltigkeit mehrerer verbundner, und die blossen, ganz bedeutungslos, nur als lieblich verschlungene Linien genommenen Umrisse eines Bacchanals oder eines Tritonen und Nymphenzuges begleiten und umgeben, gleich einem anschmiegenden Element, die wirklichen Gestalten, wie das Silbenmass die Worte und Bilder eines Dithyrambus.

Denn da der Grieche immer die zarte Gränze hielt, die Kunst als Kunst und nicht als Natur zu behandeln, so bestimmte die äussere Anordnung, gewissermassen die Einfassung seines Werks, die Form eines Sarkophags, eines Frontons, einer Tempelnische vorzüglich mit die Behandlungsart seines Stoffs, und gab dem Werk, ausser seiner organischen und bedeutenden, noch eine abgesonderte architektonische Form.

Bis in die tiefste Ader der Brust fühlte der Grieche, dass die Kunst etwas Höheres als die Natur, und das lebendigste und sprechendste Symbol der Gottheit ist; mit unermüdeter Sorgfalt vernachlässigte er keinen, noch so kleinen und unwichtig scheinenden Zug, sie als Kunst von der Wirklichkeit, und als Wirklichkeit von der intellectuellen Idee abzusondern, und so innig schlang er Gestalt und Bedeutung in einander, dass nur der geistloseste Beschauer seiner Werke die eine als die träge Hülle der andern ansehen könnte.

So verfuhr er bei dem einzelnen Kunstwerk; aber in der Folge aller schied er mit gleich bestimmten Gränzen die besonderen Gattungen; und umfasste mit ihrem vollständigen Cyclus die ganze Schöpfung, und die ihm bekannte Welt und Geschichte, ging alle Momente der Kraft des lebendigen Daseyns durch vom halb thierischen Tritonen bis zum Vater der Götter und Menschen; alle Elemente von den Lüften bis zu dem Grunde des Meers und der Erde; alle Epochen des Lebens von der Geburt bis zur Vergötterung und den Strafen der Unterwelt; die Endpunkte seiner Welttafel von den Indischen Zügen des Bacchus bis zu den Gärten der Hesperiden; und die ganze Folge des Heroenalters von dem Kampf der Titanen bis zur Eroberung Ilions.

2. an der Dichtung.

Die Poesie hat nicht, wie die bildende Kunst ein beschränktes, sondern ein unermessliches alles Daseyn umfassendes Feld. Sie ist Kunst, indem sie die Schöpfung als ein lebendiges, sich durch eigne Kraft von innen aus gestaltendes Ganzes darzustellen, das belebende Prinzip auszusprechen versucht, das keine andre Beschreibung schildern, und keine nicht von Begeisterung ausgehende Untersuchung erreichen kann, und sie bedient sich zur Vollendung ihres Geschäfts des Rhythmus, der, als ein wahrer Vermittler, als äussere Gesetzmässigkeit, die Bewegungen der Welt, und als innere, die Veränderungen des Gemüths beherrscht.

Das Charakteristische der Griechischen ist, dass sie diesen allgemeinen Zweck aller Dichtung auf eine mehr umfassende, mit mehr Klarheit, Einfachheit, und einer sich leichter zum Ganzen fügenden Harmonie ausführt. Auch hier strebt der Grieche vor allem nur nach Grösse und Reinheit der Formen; bezeichnet mehr einfach den zurückzulegenden Weg, als er bei einzelnen Punkten verweilt, und hebt aus der Mannigfaltigkeit des endlichen Stoffs die Idee heraus, die ihn unmittelbar an das Unendliche knüpft. Auch hier erreicht er dadurch auf einem leichteren Wege einen höheren Grad der Kunst, und bedeutungsvollere Symbole der Wirklichkeit.

Dass diese Empfindung, und nicht, wie bei andern Nationen, eine beschränktere und mehr subjective der Griechischen Dichtung zum Grunde liegt, beweisen die Griechischen Silbenmasse. Nie hat sich die Dichtung irgend eines Volks in einem so weiten, sich allen Empfindungen sogleich anschmiegenden, so voll wogenden Elemente bewegt. Der ursprünglichste und älteste Vers der Griechen, der Hexameter, ist zugleich der Inbegriff und der Grundton aller Harmonien des Menschen und der Schöpfung. Wenn man bewundert, wie es möglich war einen solchen Umfang und solche Tiefe in so einfache Grenzen einzuschliessen, wenn man erwägt, dass dieser einzige Vers die Grundlage aller andern poetischen Rhythmen ist, und dass ohne den Zauber dieser Harmonien die wundervollsten Geheimnisse des Gemüths und der Schöpfung ewig unerschlossen geblieben wären, so versucht man umsonst sich die Entstehung einer so plötzlich auftretenden Erscheinung zu erklären. Wenn man sich das Hin- und Wiederfluten aller lebendigen Bewegung der ganzen Schöpfung nach gesetzmässiger Harmonie hinstrebend denkt, so ist es, als hätte sie endlich ihr üppiges Ueber-schwanken in diese leicht beschränkenden Masse beschwich-tigt, sich beruhigend in diese Weise eingewiegt, die dann ein glücklich organisirtes Volk ergriff, und in seiner Sprache heftete. So viel mehr scheint dieser Vers dem Rhythmus der Welt, als dem Stammeln menschlicher Laute anzugehören.

Denn in der That ist eine grössere Objectivität in den Silbenmassen der Griechen, als in denen aller andern uns bekannten Nationen, und dies zeigt sich ohne Mühe in der Zusammenfügung ihrer Elemente und der Organisation ihrer Glieder. Das Gemüth verfährt in seiner Empfindungsart meistentheils stossweise, macht harte Abschnitte, grelle Gegensätze, offenbart seine oft zur Willkühr werdende Eigenmacht. In den Bewegungen hingegen, wie in den Formen der Natur ist mehr Stätigkeit, die Uebergänge sind sanfter, die Gesetzmässigkeit zeigt sich mehr im Ganzen, als sie sich im Einzelnen vordrängt, und gerade dies ist auch die Eigenthümlichkeit der Griechischen Versmasse, die überall die Rückkehr durchaus gleicher, besonders kürzerer Clauseln vermeiden, das Gesetz immer in Mannigfaltigkeit verbergen und wiederum in ihr, auch sie doch in feste Grenzen einschliessend, auch zeigen, das einmal Angeklungene mehr von selbst austönen lassen, als willkührlich abschneiden. Die Gesetzmässigkeit des Griechischen Metrums scheint nur bestimmt, die zu üppige und reiche Fülle des Wohllauts mässigen, und in leicht zu fassenden Abschnitten dem Ohr vortragen zu sollen; da sie besonders bei den neueren Nationen hingegen die Anmuth des Wohllauts selbst vertreten muss.

Dass in der That die Griechische Poesie diesen Weg genommen hat, zeigt die Sprache selbst. Keine unter allen uns bekannten ist so reich an mannigfaltigen Rhythmen, bietet den Verseinschnitten so passende Worteinschnitte dar, und trägt so weit mehr den Charakter der tönenden Natur als einer einzelnen menschlichen Empfindungsart, wie z. B. die Lateinische in der Feierlichkeit, die Italienische in der Weichheit, die Englische in der Kraft ans Herz zu gehn und zu rühren an sich.

Auf welche Weise nun wäre dies möglich, wenn man nicht annähme, dass ein grosses, noch ausserdem in verschiedene Stämme getheiltes, unendlich lebhaftes, ewig schwatzendes und singendes Volk von einem von Natur auf Rhythmus und Wohlklang gerichteten Sinne beseelt gewesen sey? Nur in dem Munde eines solchen Volks konnten sich die Härten zusammenstossender Silben, die ganz andre Grundsätze, als die des Ohres, zusammenführten, abschleifen, mussten sich von selbst Laute zusammenziehn und verlängern.

Das hauptsächlichste und ursprüngliche Streben des griechischen Rhythmus geht auf Fülle und Reichthum leichtgeregelter Elemente, und wenn man mit dem vorhin über die Empfindung Gesagten einig ist, dass nemlich, wo sie den Impuls giebt, die Form mehr nakt und trocken dasteht, so sieht man, dass dies Streben zugleich, wie überall bei den Griechen, ein Streben aus sich heraus, nach der Natur hin, nach der Annäherung an ihr allbelebendes Princip ist.

Denn es ist immer dasselbe Suchen des Unendlichen im Endlichen, der Gottheit im Irrdischen, da einmal unläugbar ist, dass in diesem mehr als bloss Irrdisches liegt und dieses Mehr doch nur der Begeisterung zugänglich ist. Ueberall bezeichnet dieser Trieb nach dem Göttlichen den Griechischen Charakter. In den edlen Bestrebungen der Einzelnen und des Volks stellt er sich in seiner ganzen Schönheit dar; aber noch in den ganz unbedeutenden, selbst in den Fehlern und Verirrungen waltet sein Schattenbild, wie Herkules Schatten in der Unterwelt umherwandelt, indess er selbst unter den Himmlischen thront. Nichts aber bringt dem unerreichten Höchsten so unmittelbar nahe, als Musik und Rhythmus, da in der bildenden Kunst die Beschränktheit auf einen bestimmten Gegenstand immer hinderlich ist, und die Alten hatten nun zugleich, was sie allein dem Wohllaut ihrer Sprache verdankten, den Vortheil geradezu mit dem Ausdruck des Gedankens eine so wundervolle Musik verbinden zu können, dass ihnen die Trennung der Poesie und Musik fremd blieb, die ohne ein Zeitalter, das zu arm an Gedanken und Sprache war, um einer würdigen Poesie fähig zu seyn, und zu reich an durch Frömmigkeit gesteigertem Gefühl um sich mit dürftiger Musik zu behelfen, vielleicht nie entstanden wäre.

Die griechischen Silbenmasse leiden daher mit den unsrigen, ihnen nicht geradezu nachgebildeten, ganz und gar keine Vergleichung. Jene sind wirkliche Musik, diese oft nur eine Künstlichkeit, die erst durch das Genie des Künstlers zur Kunst erhoben werden muss. Selbst mit der Nachbildung derselben hat es seine Gränzen. Denn es lässt sich immer vorzüglich nur die Gesetzmässigkeit der Organisation, nicht die Fülle und Schönheit der Elemente nachbilden, und gerade in dieser liegt, wie wir gesehen haben, das wichtigste Moment bei der Wirkung derselben.

In demselben Geiste, welcher in dem Rhythmus der Griechischen Poesie herrscht, ist nun auch der Inhalt bearbeitet, nemlich so, dass auch hier alles der Form untergeordnet ist; nur wird gerade dadurch die Behandlung beinahe plastisch.

Denn es ist, als ginge der Zweck aller Griechischen Dichter nur dahin, das Menschengeschlecht, in seinem Gegensatz und seiner Gemeinschaft mit den Göttern, und zugleich mit ihnen untergeordnet dem Schicksal, als Eine kolossale Gestalt darzustellen. So mächtig und so rein strebt alles dahin zusammen.

Alles zu Individuelle wird daher verschmäht, und mit Fleiss vermieden. Nicht der Einzelne, sondern der Mensch soll auftreten in den bestimmt geschiedenen, aber einfachen Zügen seines Charakters.

Selbst diese Züge sind schon in der Dichtung, wie in der Plastik, unveränderlich festgesetzt. Man denkt nicht darauf, sie zu vervielfachen, sondern nur sie dem Gemüth anders und anders einzuprägen. Auch hat die Dichtung ebenso einen bestimmten Kreis, und die ernsthafte steigt nicht in das bürgerliche und gemeine Leben herab.

Der Gedanke hält sich, wie die Empfindung innerhalb derselben allgemeinen, unbestreitbaren Klarheit und Evidenz. Wie in jener das zu Partikulaire, so wird in dieser das zu Abstracte vermieden.

Aber in diesem so bestimmten Umfang alles, was Tiefe, Klarheit, Sinnlichkeit und Idealität in ihrem lebendigsten Zusammenwirken hervorzubringen vermögen.

Die Tiefe ist nicht eine durch Nachdenken ergrübelte, sondern die, welche sich, so zu sagen, von selbst aufthut, so wie das Gemüth auf die rechte Weise erschüttert wird.

Die Klarheit ist keine solche, die was dunkel oder verwikkelt scheint entfernt, sondern die, welche den reichsten und gehaltvollsten Stoff bestimmt aus einander legt.

Die Sinnlichkeit beruht nicht bloss auf dem Reichthum sinnlicher Gegenstände und Bilder, sondern auf der weisen Behandlung derselben, welche die dem Sinn nur hinderliche Ueberladung hinwegschneidet, und auf der Wahl, die gerade diejenigen heraushebt, die allgemein auf gleiche Weise empfunden werden.

Die Idealität endlich geht zwar grossentheils aus der hohen und edlen Ansicht, den Menschen immer mit den Göttern zusammenzuknüpfen, aus der Methode ihn immer auf Standpunkte zu stellen, wo die Einbildungskraft schon gewohnt ist, alles Kleinliche und Gewöhnliche zu verbannen, und aus dem unaufhörlichen Zurückkommen auf die tiefsten und eingreifendsten Reflexionen, aber noch ausserdem ganz vorzüglich aus der Kunstmässigkeit der ganzen Anordnung hervor.

Denn alles hier Geschilderte arbeitet allein darauf hin, die Wirklichkeit, so rein und so treu als möglich, zum Symbol der Unendlichkeit zu machen; indem man einestheils nur das an ihr heraushebt, was vorzüglich fähig ist, die sich in ihr ausprägende Idee darzustellen, Und anderntheils das Gemüth stimmt in ihren Zügen nur diese Idee zu erkennen.

Alle Dichtung, die sich, erreichte sie auch von gewissen Seiten einzelne Vorzüge vor ihr, von der Griechischen entfernt, oder hinter ihr zurückbleibt, geht entweder zu einseitig auf die Idee, oder klebt an der Wirklichkeit, oder hat nicht Kraft diese mit voller Sinnlichkeit noch symbolisch zu erhalten. Die Eigenthümlichkeit der Griechischen ist, nur darauf gerichtet zu seyn, und alle Mittel, diesen Zweck zu erreichen, zu besitzen, wozu, um es mit Einem Worte zu sagen, gehört, den Typus der die ganze Schöpfung belebenden Kraft zu fühlen. Denn dieser Typus besteht darin, den jedesmaligen Moment der Wirkung nicht als für sich bedeutend und isolirt, sondern als Ausdruck der ganzen Unendlichkeit der Kraft gelten zu lassen, deren schon entwikkelte Aeusserungen er als Resultat in sich trägt, und deren noch nie gesehene er in seiner Idee andeutet.

3. an der Religion.

Der Geist der Griechen offenbart sich theils in der Beschaffenheit ihrer Religion, theils in der Art, dieselbe zu gebrauchen.

In beidem wird klar, dass der Grieche sich überall zum Uebersinnlichen erhob,

dass er dies nicht bloss aus abergläubischen Beweggründen, sondern aus reiner Freude an Ideen that, denen er durchaus freies Feld liess,

dass er die Natur des Uebersinnlichen in den reinen Ideen suchte, die in der That die Wirklichkeit, wie grosse und ewige Gesetze beherrschen,

dass er aber endlich doch mit ihnen wiederum auf wundervolle Weise die lebendigste Sinnlichkeit verband, und also auch hier

symbolisch blieb.

Dass den Griechen die Religion nicht bloss ein ärmliches Bedürfniss des Aberglaubens war, sondern dass sie ihren ganzen Geist und ihren ganzen Charakter in dieselbe verwebten, dass der Einzelne dazu in sich Bestreben fühlte, und die Staaten Freiheit gewährten, zeigt sich, wenn man sieht, wieviel der Grieche eigentlich in seiner Religion fand.

1., den eigentlich religiösen und moralischen Gehalt, vor allem die Scheu vor dem Unbegreiflichen, Uebersinnlichen, ohne die an keine wahre Grösse und Schönheit des menschlichen Wesens gedacht werden kann.

2., eine lebendige Welt von Wesen, die, ihrer ganzen Beschaffenheit nach, Menschen bloss von ihren Mängeln frei sind, ja selbst von diesen noch das an sich tragen, was gross, stark und üppig ist, und nur auf eine wunderbare Weise das moralisch Misfällige daran durch die eine Voraussetzung, dass sie Götter sind, austilgen. Der ächt Griechische Geist kennt im Olymp keine moralische Imputation, die Götter sind ihm nur blosse Symbole der Naturkräfte in ihrem freien Walten; sind die Kinder der Unendlichkeit und hinweg über den traurigen Ernst des Erkennens des Guten und Bösen, aus welchem der Begriff der Schuld entspringt. Von der Zeit an, da besonders Philosophen (denn der Scherz der Dichter glitt unschädlich ab) gegen die Immoralität der alten Götter eiferten, wie zuerst Socrates und Plato that, war es um die Unschuld des Griechischen Geistes geschehen, und bald darauf erhielt auch Kunst und Poesie einen tödtlichen Stoss, in dem sie um ihren Ernst und ihre Wahrheit gebracht wurden. Denn übrigens ruhte das ganze Gebiet der Kunst so auf der Religion, als seiner Grundlage, dass beide sich wechselsweis in einander wiederfanden.

3., dunkle, aber selbst dadurch nur mächtiger wirkende Ideen über die Zusammenfügung und die Entstehung des Weltalls. Denn wenn man auch die spätere, oft kindische und kleinliche Allegorie absondern muss, so liegen doch gewisse Urbegriffe davon unläugbar auch in den ältesten Vorstellungsarten zum Grunde.

4., ihre vaterländische Geschichte und die ganze Summe ihrer Weltkunde und Tradition.

Auf diese Weise war die Religion der Griechen ein Inbegriff aller tiefen und verborgnen Geheimnisse in der moralischen, physischen und historischen Welt, in dem Kunst, Philosophie und Volksglaube sich die Hände reichten, und wo die dichtende Phantasie, die grübelnde Speculation, und die allegorisirende Mystik gleich grossen Reiz fanden, tiefer und tiefer einzugehen.

Die einzige Idee schon, dass an der Spitze von Allem ein Schicksal stand, dem Menschen und Götter gleich unterworfen waren, und das nach durchaus blinden und unverstandenen Rathschlüssen herrschte, gab der Religion für ein Volk von Griechischem Geist und Griechischer Empfindung eine unergründliche Tiefe. Sie zog dieselbe von dem Himmel, als einem abgesonderten, uns unzugänglichen Sitze herab, und senkte sie mitten in die Natur, aus deren wundervollen Kräften und ihrem räthselhaften Zusammenwirken doch nur jenes unverstandene Schicksal hervorgehen konnte. Sie führte den Geist von der unseligen, alles zerstörenden Methode ab, alle Erscheinungen der moralischen Welt erklären, alles Wunderbare abschneiden, überall menschlicher Weise Wirkung aus Ursach herleiten zu wollen, unter dem Namen des Zufalls übersehene, nicht beobachtete anzunehmen, und das ewige Wirken der Urkräfte zu verkennen. Sie widersetzte sich eben so sehr derjenigen, welche, die Gottheit aufs mindeste um Vieles verkleinernd, eine ewig Unglück zu Glückseligkeit wendende Vorsehung annimmt, und unter dem Scheine die Gottheit zu ehren, einer unaufhörlich vor Schmerz zitternden Kleinmüthigkeit fröhnend, die Menschheit herabwürdigt. In der Idee des Schicksals wurde frei und ohne Rückhalt das Wunder angenommen, durch welches ewig fort die Welt dauert und wirkt, und mit Muth der Gedanke umfasst, dass das menschliche Daseyn ein hinfälliges, schattenähnliches und jammervolles, aber mit grossen und reichen Freuden durchsäetes ist, und durch die Erhabenheit eben dieser Idee löste sich die Unruhe und der Schmerz, den diese Betrachtung erwecken musste, in milde Wehmuth auf. Kein Volk hat das Gefühl der Melancholie so zu steigern gewusst, als die Griechen, weil sie in der lebendigsten Schilderung des Wehs dem üppigsten Genuss sein Recht nicht versagen und dem Schmerz selbst Heiterkeit und Grösse zu erhalten verstehen. Um hiermit durchaus einverstanden zu werden, erinnere man sich nur, ein wie viel besserer Trostgrund das Homerische: auch Herakles Kraft entfloh nicht dem Tode! als die unsrigen sind, die, dem Schmerze zum Hohne, jedes Unglück in ein Gut verwandeln; und wie lebendig selbst in den wehmüthigsten tragischen Chören doch die Lust zu Licht und Luft und Leben ausgesprochen ist, und berichtige die Ideen über Glück und Unglück, Heiterkeit und Melancholie. Wenn man die letztere mehr in den Neueren findet, so verwechselt man das Physische, Unidealische mit dem Stärkeren und Höheren.

Auch ist es nicht richtig (und dies verdient hier vor Allem Beherzigung), dass der Mensch nur immer nach Genuss und Glückseligkeit jägt. Sein wahrer Instinct, seine tiefe, innere Leidenschaft ist, seine Bestimmung, und sey es auch eine unglückliche zu erfüllen, wie die Raupe sich einspinnt und andre Thiere auf andre Weise ihrem Tode entgegeneilen. Es giebt kein höheres, thätig und leidend starkes und mit edler Scheu vor einer übersinnlichen, alles beherrschenden Macht ergebenes Gefühl, als das, in dem Hektor ausruft: denn es kommt einst der Tag, an dem die heilige Ilios sinkt! und doch keinen Augenblick vom muthvollsten Kampfe ablässt.

Ein zweites, überaus wichtiges Moment ist es, dass die Religion nicht in einer Reihe erweisbarer oder geoffenbarter Wahrheiten bestand, sondern ein Inbegriff von oft widersprechenden Sagen und Ueberlieferungen war. Das Suchen nach religiöser Wahrheit, das aus der moralischen Unruhe des Gewissens, oder der intellectuellen, die durch den Zweifel erregt wird, entspringt, war den Alten, wenigstens in ihrer schönsten Eigentümlichkeit, fremd. Ihre Religion war dem Volke von der einen Seite blosser Opfer und Götzendienst, von der andern Theil der Staatsverfassung, des öffentlichen und häuslichen Lebens, und allen, die sich über das Volk erhoben, Beschäftigung mit einer überirrdischen Welt, die jeder nach der Natur seines Geistes sinnlicher und geistiger, buchstäblicher und symbolischer ansehen, in die er durch das Thor der Kunst und der Philosophie, der Wissenschaft und der Geschichte eingehen konnte. Die Griechen selbst wussten sehr gut, dass ein grosser Theil ihrer Mythen fremden Ursprungs war, und sie besassen daher in denselben die dunkel ausgesprochene Weisheit aller Völker, die Versuche, das Stammeln der Menschheit das Unendliche auszusprechen. Was isolirt nothwendig hätte verlieren müssen, hüllte sich nun in die Ehrwürdigkeit der Zeit, der ältesten und entferntesten Nationen.

Aber der Grieche goss alles Fremde immer in seine Eigen thümlichkeit, erst in den späteren Zeiten Griechenlands und Roms wurden fremde, von dem Aberglauben herbeigeführte Götterdienste ohne Verbindung neben einander aufgestellt. Er liess sogar alles von sich ausgehn und machte Delphi zum Nabel der Welt, auf dem die von Zeus zu zwei Seiten ausgeschickten

Adler zusammentrafen. Alles dadurch sich und seiner Empfindungsart näher bringend verstärkte und belebte er die Wirkung auf die Einbildungskraft und das Gemüth.

Der Grieche sahe alle seine Götter, mehr oder weniger, als Söhne des Bodens an, den er bewohnte; es hatte für ihn eine Zeit gegeben, in welcher sie unter den Menschen umherwandelten; sie waren grossentheils unter ihnen gebohren, und man zeigte selbst einiger Grab. Die nüchterne Erklärung, dass die Götter aus Dankbarkeit vergötterte Menschen waren, gehört nur den Späteren an. Der frühere und schönere Glaube fragte nicht nach der physischen Möglichkeit oder der historischen Wahrheit. Er dachte sich eine Zeit, wo die Elemente der Schöpfung noch nicht so geschieden, die Lose noch nicht so regelmässig vertheilt waren, wo sich der Olymp und die Erde noch mit einander vermischten, und jeder Stamm verwebte diese Zeit in die Geschichte seiner Vorväter. Dies unmittelbare Walten der Naturkräfte wurde nicht einmal für durchaus geendigt gehalten; es dauerte einzeln noch fort, und ward nur in entfernte oder einsame Gegenden versetzt.

An das Leben der Götter auf Erden knüpft sich unmittelbar das Geschlecht der Heroen an, ihre Geschichte und ihr Dienst. Die Aegypter kannten diese nicht.

Wohl alle Nationen haben Menschen in den Himmel, und ihre Götter auf die Erde versetzt, mehrere haben vergötterte Menschen den Göttern gleich gestellt oder untergeordnet. Aber dass keins dies so weit ausgedehnt, so genau ausgesponnen, so tief in alle seine Umgebungen verwebt, keins so für die Bereicherung der Kunst und der Dichtung und die Belebung des Nationalgeistes benutzt hat, als die Griechen, zeigt, dass nur sie ein ewig lebendiges Streben besassen, zu dem Höheren und Ueberirrdischen überzugehen, und es in edle und schöne Formen der Anschaulichkeit zu prägen.

Wie die Religion der Griechen auf der einen Seite auf die eben gesagte Weise eine gewissermassen üppige und überschiessende Ausbildung durch die künstlerische Einbildungskraft erhielt, so bekam sie bald durch ein tieferes Bedürfniss nach Religiosität, bald durch Philosophie und Forschungsgeist eine zweite von einer anderen Seite durch die Mysterien. In ihnen wurde die Fabel durch sonst verborgen gehaltene Mythen erweitert, zugleich aber auch oft durch freiere Aufdeckung ihres Ursprungs berichtigt; es entstanden allegorische Vorstellungen, welche die reineren vorbereiteten; die ersten Keime wahrer Religionsbegriffe kamen empor; und zugleich bildete sich ein Begriff einer höheren moralischen und religiösen Heiligkeit, als der gewöhnliche Götterdienst forderte. Alles dies aber blickte im Leben, bei Dichtern, Philosophen und Geschichtschreibern nur immer wie durch einen Schleier durch, und belebte dadurch in einem von selbst gern die Sinnlichkeit zum Symbole erhebenden Volk immer aufs neue theils diesen Trieb, theils das intellectuelle Streben überhaupt.

Merkwürdig ist es noch, dass die Religion der Kunst so unbeschränkte Freiheit liess, und sie nicht, wie wenigstens zum Theil in Aegypten der Fall war, an eine gewisse Strenge der Form oder ein festes Costüm band; dass ferner so viele Geburten des Aberglaubens von Hexenkünsten, Gespenstern und bösen Geistern, von denen man doch auch vielfältige Spuren antrift, schlechterdings keinen Theil der Kunst durch abentheuerliche, oder gar fratzenhafte Behandlung entstellten.

Für den rohen Menschen ist die Religion immer, mehr oder minder, Götzendienst; der besserer Empfindungen fähige schöpft daraus Ueberzeugung, Gesetz und Hofnung. Dies ist das eigentlich religiöse Bedürfniss. Aus diesem entstehen in Familien und Völkern Ueberlieferungen und Gebräuche; diese benutzt der Staat und wendet sie zu seinen Zwecken. Insoweit sind die Religionen aller, besonders der älteren Völker einander gleich.

Die Eigenthümlichkeit des Griechen in seiner Religion zeigt sich darin, dass er so weit über dies blosse Bedürfniss herausging, sich aus der Religion ein eignes Feld für seinen Hang zum Ueberirrdischen machte und dies auf eine mit seiner Kunst, und seiner Dichtung harmonische Weise, ver-sinnlichend und symbolisirend und sich immer in den Schranken wahrer, nur vergrösserter und idealisirter Menschheit haltend, that, dass der Staat ihm hierin so viele Freiheit gab, dass die Griechische Religion nur Volks, nie Staatsreligion heissen darf, und dass er diese Freiheit nie misbrauchte.

Um dies ganz zu fühlen erinnere man sich an das Ungeheure und Unästhetische so vieler Religionen des Orients und selbst zum Theil der Aegyptischen, an den Zwang ihrer Priesterkasten, die strenge Verwebung von Gesetz und Gottesdienst bei den Römern, die Dürftigkeit und Trockenheit ihrer Götter und Fabellehre, und die durch die schändlichsten Ausschweifungen gerechtfertigte Verfolgung einiger Mysterien. Bei den Griechen mag nicht leicht nur ein einziges Beispiel gemisbrauchter Mysterien vorkommen.

4. an den Sitten und Gebräuchen.

Aus diesem weiten Felde ist es nur möglich einige einzelne Punkte herauszuheben.

Diodor von Sicilien bemerkt an einem Ort, dass die Aegypter nicht Musik noch Palästra trieben, und an einem andern sagt er: Jolaus richtete Gymnasien und Göttertempel und alles andre ein, was zur Glückseligkeit der Menschen gehört, und man findet noch Spuren davon. Verehrung der Götter also, und Ausbildung des Körpers zu Schönheit und Kraft machten die ersten Bedürfnisse der Griechischen Menschheit aus. Rechnet man dazu nun noch die Musik in der Ausdehnung, in der sie die Griechen nahmen, und die Akademieen der Philosophen, so sieht man, dass die Griechen ausser ihrem öffentlichen und häuslichen Leben noch ein drittes hatten, das keine andre Nation in dieser Ausdehnung kannte, noch in diesem Grade benutzte. Denn das Eigenthümliche davon liegt darin, dass es sich mit Dingen beschäftigte, die nicht unmittelbar auf einen äusseren Zweck gerichtet waren, dass es frei war von den Fesseln des Staats und der Gesetze, und doch fortdauernd um einen grossen Theil und zwar der gebildetsten Bürger Bande schöner Geselligkeit schloss, in der Alter und Jugend eine gleich passende Stelle fanden. Auffallend contrastirt hiermit der Müssiggang einiger Orientalischer Völker, der Kastenzwang der Aegypter, und die einseitige Richtung auf Krieg, Rechtskunde und Ackerbau der Römer.

Der Werth, den die Griechen auf einen frei ausgebildeten Körper legten, zeichnet sie vor allen Nationen aus. Es liegt darin der feine und tiefe Sinn, dass das Geistige nicht von dem Körperlichen getrennt werden, sondern sich in ihm aussprechen muss, und dass der freie Mensch nicht sich der Beschäftigung, sondern diese sich unterzuordnen bestimmt ist, und diese Sorgfalt, diese Ansicht, körperliche Stärke und Behendigkeit zu ehren, wurde durch zwei Dinge bis in die spätesten Zeiten unterhalten, durch das Andenken an die vaterländischen Heroen, und durch den Ruhm der Sieger in den öffentlichen Spielen.

Diese Sitte, den Olympischen Kranz höher zu achten, als den ernsthaftesten Sieg und das nützlichste Bestreben, dies

Schattenbild des Ruhms bloss aus dem Alter der Spiele, der Ehrwürdigkeit ihres Stifters, den damit verknüpften heiligen Feierlichkeiten, dem Zusammenströmen aller griechischen Völker, dem lauten Beifall der sich unter einander entzündenden Menge zusammenzusetzen, zeugt lebendiger, als sonst irgend etwas, für die sinnlich idealische Natur der Griechen, so wie für ihre schlichte Einfachheit, dass der älteste und einfachste Kampf, der Lauf zu Fuss, immer bis zu den spätesten Zeiten so sehr der geehrteste blieb, dass jede Olympiade nach dem Sieger in ihm den Namen trug, und nie von dieser Stelle durch die Pracht und den Reichthum der Viergespanne verdrängt wurde.

An diese Art des Lebens schlossen sich nun und aus derselben entsprangen zwei andere, auch nur den Griechen vor-züglich eigene Dinge: gesellige, selten ganz von Philosophie, Dichtung und Kunst entblösste Feste, und Liebe zu schönen Jünglingen.

Der letzten wird niemand geradezu das Wort reden. Aber im höchsten Grade merkwürdig bleibt es, welchen Gebrauch die Griechen von einer Leidenschaft machten, die nun in ihrer eigenthümlichen Lage einmal leicht entstand, und wie sie dieselbe benutzten, statt zu schaden, vielmehr eine Quelle schöner und grosser Gefühle und Ideen wurde. Dass sie aber hierin von einer gewissen Pedanterei und Gravität der Sittlichkeit frei waren, dass sie der Laune der Einbildungskraft, selbst der Ueppigkeit der Begierde ein freieres Spiel liessen, zeigt gerade, wie sie, nicht einseitig in bestimmte Formen gegossen, gern die Stufenleiter aller menschlichen Empfindungen durchgingen, aber sie immer zum Edleren und Höheren führten.

Man hat die Knabenliebe oft aus der geringen Ausbildung des weiblichen Geschlechts herleiten wollen. Allein es möchte schwer zu beweisen seyn, dass diese wirklich so gering gewesen sey. Die Geschichte bietet Beispiele genug dar, dass Weiber theils im Ganzen sich für ihr Vaterland thätig bewiesen, und im Einzelnen in mehr als Einer Gattung hohes Talent verriethen. Ich würde daher jenen Geschmack mehr aus einer grösseren, gleichsam überschiessenden Fülle der Griechischen Sinnlichkeit und äusserlich aus dem Umstand erklären, dass, da der gesellige Umgang des Griechen vorzüglich durch die natürlich allein den Männern ofnen Gymnasien und Philosophenschulen entstand, die Frauen davon, so oft derselbe sich nicht auf die nächsten Verwandten beschränkte, ausgeschlossen blieben.

Uebrigens waren aber unsinnige Prachtliebe und Ausschweifungen bei den Griechen bei weitem nicht so herrschend, als im Orient und bei den Römern. Ein gewisser von Natur feinerer Geschmack und ein mehr lebendiger Trieb, die Sinnlichkeit durch Kunst zu läutern und zu verfeinern, bewahrten sie vor diesen Abwegen.

Indess ist es nicht zu läugnen, dass das weibliche Geschlecht in Griechenland einer geringeren Achtung genoss, und dass sich hierin der Römer bei weitem edler bewies. Ich glaube nicht, dass dies durch einen stärkeren Einfluss, den morgenländische Sitten in Griechenland ausübten, entstand. Denn im Heroenalter verhielt es sich damit in hohem Grade anders, und ich sehe nicht, woher in der Folge jener Einfluss entsprungen wäre. Die an sich auffallende Erscheinung kann, dünkt mich, hinreichend daraus erklärt werden, dass die Griechen in der Zeit ihrer Volksregierungen weder ein patriarchalisches, noch ein politisches, sondern recht allgemein ein menschliches Leben führten. Ehe aber Sittlichkeit und Empfindung, die allein eigentlich das wahre Verhältniss der Geschlechter zu einander bestimmen können, eine so überwiegende Ausbildung erhielten, als ihnen die neuere Zeit besonders durch die christliche Religion und die Rittersitten gegeben hat, kann die Achtung der Frauen nur aus dem Werth entspringen, den man auf die Familienverbindung legt, und dieser ist nur in jenen beiden vorher genannten Zuständen gross. Der Grieche betrachtete alle äusseren Verhältnisse mit mehr Leichtigkeit, war minder streng in seinen Foderungen, aber auch minder pünktlich in seinen Leistungen. Waren die Griechischen Frauen weniger geachtet, als die Römischen Matronen, so verdammte sie dagegen auch das Gesetz nicht zu einer so unbeschränkten Knechtschaft gegen den Mann.

Das weibliche Geschlecht ist dergestalt an seine ursprüngliche Naturbestimmung gebunden, dass es die Frage ist, ob das zarteste und edelste Verhältniss desselben zu dem männlichen, für welches man ohne Partheilichkeit das heutige ausgeben kann, anders entstehen konnte, als indem man vorher durch ein einseitiges und gewissermassen unnatürliches durchging.

Aus den beiden so eben erwähnten Eigenschaften des Griechen, in den äussern Verhältnissen des Lebens minder mit Härte dringend zu seyn, und in seinen Vergnügungen, bis selbst in wahre Ausschweifungen seiner Sinnlichkeit hinein, mehr Mass zu halten und einen feineren Geschmack zu beweisen, muss man die sanftere Behandlung herleiten, deren seine Sklaven genossen. Doch waren freilich hier, wie in so vielem Andern die verschiedenen Griechischen Stämme einander nicht wenig ungleich.

5. an dem öffentlichen und Privatcharakter und der Geschichte.

Der politische Charakter der Griechen ist oft und nicht mit Unrecht ein Gegenstand des Tadels und selbst des Spottes gewesen. Er bewies, vorzüglich bei den Atheniensern, unläugbar Mangel an Stätigkeit und oft nicht geringen Leichtsinn.

Indess verläugneten sich doch niemals zwei Dinge in demselben: Anhänglichkeit an Volksgleichheit und vaterländischen Ruhm.

Die Bedrückung der niedrigen Bürger durch die vornehmern, und der Armen durch die Reichen war den Griechischen Staaten durchaus fremd, und schlich sich in keiner Zeit ein.

Untergang der Freiheit in einheimischer und fremder Tyrannei hatte zwar von Zeit zu Zeit Statt, aber niemals auf eine daurende Weise, und wenn man sich fragt, was eigentlich im Ganzen namentlich in Athen immer herrschend blieb, so war es Demagogie, also zwar Herrschaft, aber durch das Volk selbst. Selbst gegen fremde Uebermacht regte sich der alte Freiheitsgeist immer wieder, und kein andres Volk kann leicht einen so hartnäckigen, ohne alle auch die mindeste Wahrscheinlichkeit eines günstigen Erfolges geleisteten Widerstand aufweisen, als Athen in seinem letzten Kampfe den Römern unter Sylla entgegensetzte.

Auch ist nicht zu übergehen, dass die Griechen sehr gut den Werth einer edeln Abstammung und grosser Reichthümer kannten, ohne dennoch weder das eine, noch das andre dieser Gefühle im öffentlichen oder im Privatleben zu misbrauchen.

Unter der Mannigfaltigkeit von Charakteren, die eine aus so vielen Stämmen zusammengesetzte Nation in einer Reihe von Jahrhunderten nothwendig aufweisen muss, lassen sich einige auszeichnen, die vorzüglich die Eigenthümlichkeiten ihrer Nation an sich tragen.

In der edelsten Art thun dies Aristomenes, den noch gewissermassen der Glanz des noch nicht zu fernen Heldenalters umgiebt, Epaminondas, der Milde und Zartheit mit edler Ruhmbegierde und tiefem Edelmuth verband, und Philopömenes, der zeigte, was ein grosser Charakter noch in der Entartung vermochte.

Unter den glänzenden Charakteren, die den (besonders Atheniensischen) Nationalgeist selbst in ihren Fehlern verriethen, waren Perikles und Alcibiades.

Dagegen stechen Aristides, Cimon, Phocion und andere so ab, dass man kaum begreift, wie sie derselben Nation angehören konnten.

Endlich in dem Sinken der Griechischen Staaten darf man die Feigheit, leere Anmassung, Schmeichelei und Charakterlosigkeit nicht vergessen, welche unter den Römern der späteren Zeit selbst den Griechischen Namen verächtlich machte.

Eine Schilderung der Eigenthümlichkeit des Griechischen Nationalcharakters müsste alle diese Verschiedenheiten umfassen, oder wenigstens ihre Möglichkeit zu erklären im Stande seyn. Wir wollen eine solche mit wenigen Worten hier anzugeben versuchen:

in dem Griechen waltete die natürlich gelassene, nicht auf irgend etwas beschränkte, noch an etwas Einzelnes gebundene Menschheit reiner und einfacher, als in irgend einer andern Nation.

Er war ofner gegen alle Eindrücke der Aussenwelt und vorzüglich empfänglich für die auf Sinnlichkeit und Einbildungskraft.

Seine inneren Kräfte waren immer rege, den Eindrücken entgegenzuwirken, und zwar in eben der Art, in der diese geschahen.

Er liess dem Eindruck Weile und übereilte ihn nicht; er lieh der inneren Thätigkeit Schnelligkeit und verzögerte sie nicht. Dadurch gewann er in der Ansicht Klarheit und Anschaulichkeit, und in dem Wirken Leben und Feuer.

Er hatte dieses letzteren (und darin liegt vorzüglich der Schlüssel von Allem) so unglaublich viel, dass es ihm schon darum unmöglich wurde, von irgend einer Seite in Materialität zu versinken, die immer die Kraft abstumpft, dass er dadurch das natürliche Gleichgewicht in sich erhielt, weil die stärkere Kraft sich einem innern Instinkte gemäss von selbst in den Mittelpunkt versetzt, den die einseitige flieht, weil sie ihn nicht zu füllen vermag, und dass sie, um sich nicht in ihrem Streben gehemmt zu sehen, sich lieber an die leichter zu verknüpfende sinnliche

Welt hielt, als sich zu sehr in die noch tiefer liegende versenkte; wodurch er, nach den verschiedenen Stufen seines Werthes und seiner Bildung bald chimärisch und prahlerisch, bald ruhmbegierig und heldenmässig, bald erhaben und idealisch im Denken, Dichten und Bilden wurde.

Die Angeln seiner wundervollen Eigenthümlichkeit sind also die Intensität dieser kraftvollen Beweglichkeit, und ihre natürlich richtige und gleichförmige Stimmung, die ihn im Aeussern zu Klarheit und Richtigkeit, im Innern zu Festigkeit, Consequenz und der höchsten Klarheit des inneren Sinns, der Idealität fähig machte.

Auf diese Weise konnte der Griechische Charakter die sonst unbegreiflichsten Widersprüche in sich vereinigen:

auf der einen Seite Geselligkeit und Trieb nach Mittheilung, wie ihn vielleicht keine Nation je gekannt hat, auf der andern Sucht nach Abgezogenheit und Einsamkeit;

auf der einen beständiges Leben in Sinnlichkeit und Kunst, auf der andern in der tiefsinnigsten Speculation;

auf der einen den verächtlichsten Leichtsinn, die ungeheuerste Inconsequenz, die unglaublichste Wandelbarkeit, wo die Beweglichkeit und Reizbarkeit allein herrschten, auf der andern die musterhafteste Beharrlichkeit und die strengste Tugend, wo sich ihr Feuer, als ernste Kraft, in den Grundvesten des Gemüths sammelte.

Vorzüglich aber begreift man, wie bei einem solchen Charakter Begeisterung für Vaterland, Freiheit und Griechischen Ruhm mächtig seyn mussten, da sich in diesem Gefühl die natürlichsten und ursprünglichsten Empfindungen der Menschheit, die glänzendsten Bilder der Einbildungskraft und die erhabensten Ideen des Gemüths verbanden.

Ganz und gar entbehren aber auch die Griechen derjenigen Vorzüge, die man nur durch Isolirung der Kraft erhält.

Das hier Vorgetragene wird vielleicht durch eine kurze Entgegenstellung der Griechen und der cultivirtesten Nationen nach ihnen noch deutlicher und bestimmter.

Am ähnlichsten im Ganzen, aber am unfähigsten sie in einzelnen Theilen ihres Charakters zu erreichen, und beides in höherem Grade als die alten Römer sind ihnen die Italiäner.

In die Hauptelemente ihres Charakters sich getheilt haben, und ihnen in diesen Theilen so ähnlich, dass sie sich gegenseitig der grössesten Unähnlichkeit mit ihnen beschuldigen, sind die Franzosen und Deutschen. Jene haben von ihnen die Reizbarkeit, Beweglichkeit und das Dringen auf eine (nur bei ihnen bestimmte, fast conventionelle) Form. Diese die Freiheit von Einseitigkeit, die Richtigkeit in der äusseren Ansicht, die Tiefe im Innern, das Streben nach Idealität, nur oft ohne hinlängliches Feuer, und immer mit mehr Streben nach dem innern nur äusserlich ausgeprägten Gehalt, als der sinnlichen Form. Obgleich aber beide Nationen die Aehnlichkeit nur unvollständig darstellen, so liesse sich nie eine Verbindung beider zur Vervollständigung des Bildes denken. Vielmehr gehen beide durchaus von einander ab, und beide leisten auch am Ende etwas von der Griechischen fast gleich entfernt Liegendes, nur gelangen die Deutschen zu etwas, das dem Sinne des Griechen näher, vielleicht sogar höher, als das von ihm Erreichte, aber eben darum eigentlich unerreichbar ist, da die Franzosen durchaus auf Abwege gerathen und unter dem Erzielten und dem wirklich Erstrebten bleiben.

Dem Griechen schlechterdings unähnlich sind der Römer in seiner politischen, der Spanier in seiner schwärmerisch überspannten, und der Engländer in seiner düster sentimentalen stoffartigen Einseitigkeit. Doch zeigt der letztere seine Verwandtschaft mit dem Deutschen dadurch, dass er in seiner politischen Beredsamkeit und seiner oft gleichfalls dahin gerichteten Satyre den Griechen als den Römern näher steht, der Franzose hingegen sich nie über die Nachahmung der Römer erhebt.

Die Geschichte der Griechen ist mehr, als irgend etwas Anderes ein triftiger Beweis des hier über den Charakter der Nation Gesagten. Denn sie verräth überall, dass die öffentlichen Begebenheiten Griechenlands nur ein Resultat des Zusammenwirkens des eben geschilderten Charakters mit den jedesmaligen Umständen waren.

Man kann sie in vier Perioden abtheilen, in denen sie vorzüglich eine verschiedene Gestalt annimmt.

Vor den Persischen Kriegen fielen überaus wenig merkwürdige Begebenheiten vor; die Staaten bedurften Müsse und Zeit um sich mit ihren nächsten Nachbarn in Gleichgewicht zu setzen, und sich eine etwas dauerhafte Verfassung zu geben.

Während der Persischen Kriege verschlang die gemeinschaftliche Vertheidigung des Vaterlandes jede andere Sorge.

Den Zwischenraum zwischen diesen Kriegen und der Macedonischen Uebermacht nahm die Eifersucht der Athenienser und Lacedämonier ein, bei der sich aber, ausser dem Streit über die Oberherrschaft Griechenlands, noch Hass und Wetteifer der kleineren Staaten gegen einander auf vielfältige Weise zugleich mit offenbarte.

Von Philipp an war die Zeit der Entartung. Ohnmacht und Verrath brachte nach und nach alle Staaten unter das Joch des gemeinschaftlichen Feindes, und von Zeit zu Zeit schüttelte nur augenblicklich wieder auflebender Freiheitssinn es wiederum ab.

In dieser ganzen Reihe von Begebenheiten würde man vergebens Einheit suchen, die nur da Statt finden kann, wo die Nation eigentlich politischen Charakter besitzt. Aber keine zeigt eine solche wundervolle Mannigfaltigkeit, und in keiner gewinnen die an sich unwichtigsten Begebenheiten bloss durch den Charakter der auftretenden Menschen eine solche Wichtigkeit und Grösse. Die Begebenheiten entstehen meistentheils durch die Beweglichkeit des Volkscharakters und werden geadelt durch die Handlungsweise der Einzelnen. Reizbarkeit und Heftigkeit des Entgegenwirkens spielen auch hier die Hauptrolle, und nicht lang angelegte Plane, sondern eigentliche Privatleidenschaften, doch mehr der ganzen Völker, als ihrer einzelnen Anführer bestimmen das politische Betragen der Staaten gegen einander.

Wenn man nun fragt: wie hat ein Volk, wie die Griechen entstehen können? so würde es eine vergebliche Bemühung seyn, die Bildung desselben aus dem allmähligen Einfluss einzelner Umstände gleichsam mechanisch herleiten zu wollen. Alle hierüber und über die Entstehung von Nationalcharakteren herrschenden Systeme sind nicht allein in sich mangelhaft, und nur da stark, wo sie sich gegenseitig bekämpfen, sondern allen kann man die beiden Einwendungen unwiderleglich entgegensetzen, dass diejenigen Dinge, auf deren Einfluss sie bestehen, grossentheils selbst nur Folgen des Charakters sind, den sie erklären sollen; und dass andre Nationen unter denselben Umständen eine andre Wendung des Charakters genommen haben. Auch treten alle der menschlichen Natur zu nahe. Indem sie dieselbe als durchaus gleichgültig und durch die äusseren Umstände unbedingt bestimmbar annehmen.

Das wesentlichste Element in dem ausgebildeten Charakter einer Nation, wie eines Individuums ist die ursprüngliche Form seiner Eigenthümlichkeit. Die Kraft (und eine Kraft ist nie ohne irgend eine Richtung denkbar), die derselbe schon vor allem, wenigstens vor allem erkennbaren, und mit Worten anzugebenden Einfluss äusserer Umstände besitzt, ist mehr als alles auch in seiner letzten Ausbildung entscheidend. Alles geistige Leben des Menschen besteht im Ansichreissen der Welt, Umgestalten zur Idee, und Verwirklichen der Idee in derselben Welt, der ihr Stoff angehört, und die Kraft und die Art, wie dies geschieht, werden durch die äusseren Lagen nur anders bestimmt, nicht geschaffen und festgesetzt.

Eine vorzügliche Nation dankt daher ihre Vorzüglichkeit ihrer eigenen ursprünglichen Individualität, und diese entsteht, bei Einzelnen, wie bei ganzen Völkern, von selbst und durch ein Wunder. Wäre sie selbst auch von andern Ursachen durchaus abhängig, so ist diese Reihe verborgen und daher für uns nicht vorhanden. Wie im Geiste selbst ein Gedanke, wie auf der Leinwand des Malers eine Figur, so entsteht in der Natur durch das Wirken grosser, oder gerade glücklich begeisterter Kräfte eine Form des Lebens, die auf einmal eine neue Reihe geistiger Erscheinungen beginnt. Erst wenn sie erschienen ist, beginnt das Reich und der Einfluss der Umstände, die sie aufhalten und zerstören, aber auch beschützen und ausbilden können.

In der Wirklichkeit mögen vielleicht, ehe eine Form des Geistes in ihrer ganzen Bestimmtheit auftritt, unzählige Versuche vorhergehen, die gewissermassen eine Stufenleiter zu dem ersten gelingenden abgeben. Allein da von diesem zu den verfehlten immer eine Kluft vorhanden seyn muss, für die jede Messung nach Graden unrichtig wäre, so steht in der Erscheinung eine solche Form immer plötzlich und auf Einmal da, und es bleibt nichts zu thun übrig, als den Moment des Erscheinens zu fixiren, und von da an die begünstigenden und hindernden Umstände, wohl verstanden aber, dass diese auch zum Theil durch jene Form bestimmt werden, aus einander zu setzen.

Auf die Frage also, wie kommt es, dass jene hinreissend schöne Form der Menschheit allein in Griechenland aufblühte? giebt es an sich keine befriedigende Antwort. Es war, weil es war. Selbst der Augenblick, wo? und die Art, wie? Griechheit zuerst auftrat, sind historisch schwer zu bestimmen, und die Ursachen, die zu ihrer Entwickelung beitrugen, liegen, insofern sie moralisch sind, vorzüglich in ihr selbst. Ehe wir uns aber hierüber in irgend eine Untersuchung einlassen, müssen wir vorher noch einen andern vorzüglich wichtigen Punkt erörtern.

Die meisten das Leben einer Nation begleitenden Umstände, der Wohnort, das Klima, die Religion, die Staatsverfassung, die Sitten und Gebräuche, lassen sich gewissermassen von ihr trennen, es kann, selbst bei reger Wechselwirkung noch, was sie an Bildung gaben und empfingen, gewissermassen abgesondert werden. Allein einer ist von durchaus verschiedener Natur, ist der Odem, die Seele der Nation selbst, erscheint überall in gleichem Schritte mit ihr, und führt, man mag ihn als wirkend oder gewirkt ansehen, die Untersuchung nur in einem beständigen Kreise herum — die Sprache.

Ohne sie, als Hülfsmittel zu gebrauchen, wäre jeder Versuch über Nationaleigenthümlichkeiten vergeblich, da nur in der Sprache sich der ganze Charakter ausprägt, und zugleich in ihr, als dem allgemeinen Verständigungsvehikel des Volks, die einzelnen Individualitäten zur Sichtbarwerdung des Allgemeinen untergehen.

In der That geht ein individueller Charakter nur durch zwei Mittel, durch Abstammung und durch Sprache, in einen Volkscharakter über. Aber die Abstammung selbst scheint unwirksam, ehe durch Sprache ein Volk entstanden ist. Denn wir finden nur selten, dass Kinder die Eigenthümlichkeit ihrer Väter, und immer, dass Generationen die Eigenthümlichkeit ihres Stammes an sich tragen.

Auch ist die Sprache gleichsam eine bequemere Handhabe, den Charakter zu fassen, ein Mittel zwischen der Thatsache und der Idee, und da sie nach allgemeinen, wenigstens dunkel empfundenen Grundsätzen gebildet, und meistentheils auch aus schon vorhandenem Vorrath zusammengesetzt ist, so giebt sie nicht nur Mittel zur Vergleichung mehrerer Nationen, sondern auch eine Spur an die Hand den Einfluss einer auf die andern zu verfolgen.

Wir müssen daher hier erst vorläufig die Eigenthümlichkeiten der Griechischen Sprache untersuchen, erörtern, inwiefern sie den griechischen Charakter bestimmte, oder inwiefern dieser sich in ihr ausprägte.

Wenn schon die Schilderung des Charakters eines Individuums oder gar einer Nation in Verlegenheit setzt, so thut dies noch mehr die des Charakters einer Sprache. Wer sie jemals versucht hat, wird bald inne werden, dass, wenn er etwas Allgemeines zu sagen im Begriff ist, er unbestimmt wird, und wenn er ins Einzelne eingehen will, die festen Gestalten ihm entschlüpfen, so wie eine Wolke, welche den Gipfel eines Berges deckt, wohl von fern eine feste Gestalt zeigt, aber in Nebel zerfliesst, so wie man in dieselbe hineintritt. Es wird daher, um diese Schwierigkeit dennoch glücklich zu überwinden, nothwendig seyn, uns in eine ausführlichere Abschweifung über Sprache überhaupt und die Möglichkeit der Verschiedenheit einzelner einzulassen.

Den nachtheiligsten Einfluss auf die interessante Behandlung jedes Sprachstudiums hat die beschränkte Vorstellung ausgeübt, dass die Sprache durch Convention entstanden, und das Wort nichts als Zeichen einer unabhängig von ihm vorhandenen Sache, oder eines eben solchen Begriffs ist. Diese bis auf einen gewissen Punkt freilich unläugbar richtige, aber weiter hinaus auch durchaus falsche Ansicht tödtet, sobald sie herrschend zu werden anfängt, allen Geist und verbannt alles Leben, und ihr dankt man die so häufig wiederholten Gemeinplätze: dass das Sprachstudium entweder nur zu äusseren Zwecken, oder zu gelegentlicher Entwickelung noch ungeübter Kräfte nothwendig; dass die beste Methode die am kürzesten zu dem mechanischen Verstehen und Gebrauchen einer Sprache führende; dass jede Sprache, wenn man sich ihrer nur recht zu bedienen weiss, ungefähr gleich gut ist; dass es besser seyn würde, wenn alle Nationen sich nur über den Gebrauch einer und ebenderselben verstünden, und was es noch sonst für Vorurtheile dieser Art geben mag.

Genauer untersucht zeigt sich nun aber von allem diesem das gerade Gegentheil.

Das Wort ist freilich insofern ein Zeichen, als es für eine Sache oder einen Begriff gebraucht wird, aber nach der Art seiner Bildung und seiner Wirkung ist es ein eignes und selbstständiges Wesen, ein Individuum, die Summe aller Wörter, die Sprache, ist eine Welt, die zwischen der erscheinenden ausser, und der wirkenden in uns in der Mitte liegt; sie beruht freilich auf Convention, insofern sich alle Glieder eines Stammes verstehen, aber die einzelnen Wörter sind zuerst aus dem natürlichen Gefühl des Sprechenden gebildet, und durch das ähnliche natürliche Gefühl des Hörenden verstanden worden; das Sprachstudium lehrt daher, ausser dem Gebrauch der Sprache selbst, noch die Analogie zwischen dem Menschen und der Welt im Allgemeinen und jeder Nation insbesondre, die sich in der Sprache ausdrückt, und da der in der Welt sich offenbarende Geist durch keine gegebene Menge von Ansichten erschöpfend erkannt werden kann, sondern jede neue immer etwas Neues entdeckt, so wäre es vielmehr gut die verschiedenen Sprachen so sehr zu vervielfältigen, als es immer die Zahl der den Erdboden bewohnenden Menschen erlaubt.

Dies vorausgeschickt lassen wir hier eine möglichst kurze Analyse der Natur der Sprache im Allgemeinen folgen, aus welcher sich dann bald ergeben wird, von welchen Seiten die besonderen Sprachen von einander abweichen, und in ihrem Werthe dem Grade nach verschieden seyn können.

Die Sprache ist nichts anders, als das Complement des Denkens, das Bestreben, die äusseren Eindrücke und die noch dunkeln inneren Empfindungen zu deutlichen Begriffen zu erheben, und diese zu Erzeugung neuer Begriffe mit einander zu verbinden.

Die Sprache muss daher die doppelte Natur der Welt und des Menschen annehmen, um die Einwirkung und Rückwirkung beider auf einander wechselseitig zu befördern; oder sie muss vielmehr in ihrer eignen, neu geschaffenen, die eigentliche Natur beider, die Realität des Objects und des Subjects, vertilgen, und von beidem nur die ideale Form beibehalten.

Ehe wir dies weiter erklären, wollen wir vorläufig als den ersten und höchsten Grundsatz im Unheil über alle Sprachen festsetzen:

dass dieselben immer in dem Grade einen höheren Werth haben, in welchem sie zugleich den Eindruck der Welt treu, vollständig und lebendig, die Empfindungen des Gemüths kraftvoll und beweglich, und die Möglichkeit beide idealisch zu Begriffen zu verbinden leicht erhalten.

Denn der reale aufgefasste Stoff soll idealisch verarbeitet und beherrscht werden, und weil Objectivität und Subjectivität — an sich Eins und dasselbe — nur dadurch verschieden werden, dass die selbstthätige Handlung der Reflexion sie einander entgegensetzt, da auch das Auffassen wirkliche, nur anders modificirte Selbstthätigkeit ist, so sollen beide Handlungen möglichst genau in Einer verbunden werden.

Das heisst: es soll eine freie Uebereinstimmung zwischen den ursprünglichen das Gemüth und die Welt beherrschenden Grundformen geben, die an sich nicht deutlich angeschaut werden können, die aber wirksam werden, sobald der Geist in die richtige Stimmung versetzt ist — eine Stimmung, die hervorzubringen gerade die Sprache, als ein absichtlos aus der freien und natürlichen Einwirkung der Natur auf Millionen von Menschen, durch mehrere Jahrhunderte, und auf weiten Erdstrichen entstandenes Erzeugniss, als eine eben so ungeheure, unergründliche, geheimnissvolle Masse, als das Gemüth und die Welt selbst, mehr, wie irgend etwas andres hervorzubringen im Stande ist.

So wenig das Wort ein Bild der Sache ist, die es bezeichnet, eben so wenig ist es auch gleichsam eine blosse Andeutung, dass diese Sache mit dem Verstande gedacht, oder der Phantasie vorgestellt werden soll. Von einem Bilde wird es durch die Möglichkeit, sich unter ihm die Sache nach den verschiedensten Ansichten und auf die verschiedenste Weise vorzustellen; von einer solchen blossen Andeutung durch seine eigne bestimmte sinnliche Gestalt unterschieden. Wer das Wort Wolke ausspricht, denkt sich weder die Definition, noch Ein bestimmtes Bild dieser Naturerscheinung. Alle verschiedenen Begriffe und Bilder derselben, alle Empfindungen, die sich an ihre Wahrnehmung anreihen, alles endlich, was nur irgend mit ihr in und ausser uns in Verbindung steht, kann sich auf einmal dem Geiste darstellen, und läuft keine Gefahr, sich zu verwirren, weil der Eine Schall es heftet und zusammenhält. Indem er aber noch mehr thut, führt er zugleich von den ehemals bei ihm gehabten Empfindungen bald diese, bald jene zurück, und wenn er in sich, wie hier, (wo man nur Woge, Welle, Wälzen, Wind, Wehen, Wald u. s. f. mit ihm vergleichen darf, um dies zu finden) bedeutend ist, so stimmt er selbst die Seele auf eine dem Gegenstande angemessene Weise, theils an sich, theils durch die Erinnerung an andere, ihm analoge. So offenbart sich daher das Wort, als ein Wesen einer durchaus eignen Natur, das insofern mit einem Kunstwerk Aehnlichkeit hat, als es durch eine sinnliche, der Natur abgeborgte Form eine Idee möglich macht, die ausser aller Natur ist, aber freilich auch nur insofern, da übrigens die Verschiedenheiten in die Augen springen. Diese ausser aller Natur liegende Idee ist gerade das, was allein die Gegenstände der Welt fähig macht, zum Stoff des Denkens und Empfindens gebraucht zu werden, die Unbestimmtheit des Gegenstandes, da das jedesmal Vorgestellte weder immer vollkommen ausgemahlt, noch festgehalten zu werden braucht, ja dasselbe vielmehr von selbst immer neue Uebergänge darbietet — eine Unbestimmtheit, ohne welche die Selbstthätigkeit des Denkens unmöglich wäre — und die sinnliche Lebhaftigkeit, die eine Folge der in dem Gebrauche der Sprache thätigen Geisteskraft ist. Das Denken behandelt nie einen Gegenstand isolirt, und braucht ihn nie in dem Ganzen seiner Realität. Es schöpft nur Beziehungen, Verhältnisse, Ansichten ab, und verknüpft sie. Das Wort ist nun bei weitem nicht bloss ein leeres Substratum, in das sich diese Einzelheiten hineinlegen lassen, sondern es ist eine sinnliche Form, die durch ihre schneidende Einfachheit unmittelbar anzeigt, dass auch der ausgedrückte Gegenstand nur nach dem Bedürfniss des Gedankens vorgestellt werden soll, durch ihre Entstehung aus einer selbst-thätigen Handlung des Geistes die bloss auffassenden Seelenkräfte in ihre Grenzen zurückweist, durch ihre Veränderungsfähigkeit und die Analogie mit den übrigen Sprachelementen den Zusammenhang vorbereitet, den das Denken in der Welt zu finden, und in seinen Erzeugnissen hervorzubringen bemüht ist, und endlich durch seine Flüchtigkeit auf keinem Punkt zu verweilen, sondern von allen dem jedesmaligen Ziele zuzueilen gebietet. In allen diesen Hinsichten ist die Art der sinnlichen Form, die nicht gedacht werden kann, ohne nicht auf eine weiter unten zu untersuchende vielfache Weise selbst als solche eine Wirkung auszuüben, auf keine Weise gleichgültig, und es lässt sich daher mit Grunde behaupten, dass auch bei durchaus sinnlichen Gegenständen die Wörter verschiedener Sprachen nicht vollkommene Synonyma sind, und dass wer ἵππος, *equus* und Pferd ausspricht, nicht durchaus und vollkommen dasselbe sagt.

Wo von unsinnlichen Gegenständen die Rede ist, ist dies noch weit mehr der Fall, und das Wort erlangt eine weit grössere Wichtigkeit, indem es sich noch bei weitem mehr als bei sinnlichen von dem gewöhnlichen Begriff eines Zeichens entfernt. Gedanken und Empfindungen haben gewissermassen noch unbestimmtere Umrisse, können von noch mehr verschiedenen Seiten gefasst und unter mehr verschiedenen sinnlichen Bildern, die jedes wieder eigne Empfindungen erregen, dargestellt werden. Wörter dieser Art sind daher, auch wenn sie Begriffe anzeigen, die sich vollkommen in Definitionen auflösen lassen, noch weniger gleichbedeutend zu nennen.

UEBER DEN CHARAKTER DER GRIECHEN, DIE IDEALISCHE UND HISTORISCHE ANSICHT DESSELBEN

I. Die Griechen sind uns nicht bloss ein nützlich historisch zu kennendes Volk, sondern ein Ideal.

Ihre Vorzüge über uns sind von der Art, dass gerade ihre Unerreichbarkeit es für uns zweckmässig macht, ihre Werke nachzubilden, und wohlthätig, in unser durch unsre dumpfe und engherzige Lage gepresstes Gemüth ihre freie und schöne zurückzurufen.

Sie setzen uns in jeder Rücksicht in unsre eigenthümliche, verlorene (wenn man verlieren kann, was man nie hatte, aber wozu man von Natur berechtigt war) Freiheit wieder ein, indem sie augenblicklich den Druck der Zeit aufheben und durch Begeisterung die Kraft stärken, die in uns gemacht ist, ihn selbstthätig zu überwinden.

Sie sind für uns, was ihre Götter für sie waren; Fleisch von unserm Fleisch und Bein von unserm Bein; alles Unglück und alle Unebenheiten des Lebens; aber ein Sinn, der alles in Spiel verwandelt, und doch nur die Härten des Irrdischen wegwischt, aber den Ernst der Idee bewahrt.

II. Dies ist keine zufällige, sondern eine nothwendige Ansicht. Nichts Modernes kann je etwas Antikem an die Seite gestellt werden. Denn der, dem Modernen nothwendig mangelnde Hauch des Alterthums ist der, nicht dem einzelnen Verfasser irgend eines Werks, sondern der ganzen Nation und dem ganzen Zeitalter eigenthümliche Geist.

Dieser Geist unterscheidet sich von dem modernen, wie die Wirklichkeit von einem idealischen Gebilde irgend einer Art. Dieses nemlich ist reiner und voller Ausdruck von etwas Geistigem, veranlasst, sich in jedes seiner Theile immer tiefer zu versenken, und führt auf Ideeneinheit, da die Wirklichkeit hingegen das Geistige nur andeutet, wo sie gut ist, selbst anreizt, sie theilweise in Gedanken zu vernichten, und keine Art der Einheit, als dieses Gefühls, hervorbringt.

Was das Antike unterscheidet, ist daher nicht bloss Eigenthümlichkeit, sondern wahrer und allgemeingeltender Vorzug.

Das Gefühl für das Alterthum ist also der Prüfstein der modernen Nationen, die schon auf Irrwegen sind, wenn sie Römer und Griechen gleich, oder gar im umgekehrten Verhältniss schätzen. Insofern antik idealisch heisst nehmen die Römer nur insofern daran Theil, als es unmöglich ist, sie von den Griechen zu sondern.

III. Der eigenthümliche Vorzug der Griechen ist, die Aufgabe, als Nation das höchste Leben darzustellen, auf der schmalen Grenzlinie aufgefasst zu haben, unter welcher die Lösung minder gelungen, und über welcher sie minder möglich gewesen seyn würde.

Das sie Unterscheidende liegt also ganz und gar in der Darstellung, und kommt darin nur um so mehr mit einem Ideal überein, als auch der Begriff eines Ideals es immer mit sich bringt, dass die Idee sich der Möglichkeit ihres Erscheinens unterwerfe.

Das Vorherrschende im Griechischen Geist ist daher Freude an Gleichgewicht und Ebenmass; auch das Edelste und Erhabenste nur da aufnehmen zu wollen, wo es mit einem Ganzen zusammenstimmt.

Das Leben kann wie eine Kunst, und der im Leben dargestellte Charakter wie ein Kunstwerk betrachtet werden. Wie nun in diesem nur das Genie den untheilbaren Punkt auffindet, in dem sich, nach gewaltigem Ringen, das Unsichtbare mit dem Sichtbaren zur Darstellung vermählt, so thut auch im Leben dies nur das Genie, und zwar das höchste von allen Genien, das eines ganzen, lebendig zusammenwirkenden Volkes.

IV. Um zu begreifen, wie eine ganze Nation sich einen nur durch Genialität erklärbaren Charakter geben könne, muss man einige Schritte zurück zur Betrachtung der Individualität thun.

Die Induvidualität eines Menschen ist Eins mit seinem Triebe. Das ganze Universum besteht nur durch den Trieb, und es lebt und ist nichts, als indem und solange es mit Fortgang zu leben und zu seyn ringt. Da der Trieb nicht anders als bestimmt seyn kann, so wird es auch durch ihn die Form des Lebens, und alle Verschiedenheit der Existenz beruht nur auf der Verschiedenheit des Lebenstriebes selbst, oder seiner Möglichkeit sich durch den Widerstand, den er findet, durchzuarbeiten.

Dieser Trieb ist derselbe in der Körper und in der Geisterwelt, da er auf der einen Seite in der Organisation Gestalten schaft, die nur durch den Gedanken hervorgebracht, und auf der andern z. B. in der Kunst und Sprache solche, durch welche sonst nicht auszudrückende Gedanken gegeben scheinen. Er kann daher ebensowohl dienen, das Höchste in der geistigen, als das Einfachste in der körperlichen Natur zu erklären.

Was nun dem Charakter der Griechen das Daseyn gab, war dass in ihnen der Trieb, rein und voll Menschen zu seyn, sich durchaus herrschend zu machen verstand.

Was also wunderbarer Weise nur Werk des Genies seyn zu können schien, entstand aus blossem Hingeben an die Natur, wie überhaupt immer im Menschen das am feinsten Ausgebildete sich unmittelbar an das Ursprüngliche anschliesst, von dem es gleichsam nur deutlichere Umschreibung oder Uebersetzung ist.

V. Dass der Trieb sich in der geistigen Natur des Menschen geltend mache, und ihm darin, über seinen Gattungscharakter, eine eigene bestimmte Form gebe, das kann nur durch Acte der Freiheit, d. h. solche, welche ausschliesslich aus der Persönlichkeit entspringen, geschehn.

Zwar kann die Freiheit weder den Trieb, noch, welches einerlei ist, den Charakter umändern; aber sie muss ihn wecken, und sogar die Richtung, die er nothwendig und unveränderlich durch sich selbst hat, willkührlich zu bestimmen scheinen; oder mit andern Worten, die Quelle der Willensbestimmungen muss in dem Gebiete liegen, in welchem beide, Nothwendigkeit und Freiheit, in einer höheren Idee untergehen.

Alsdann nennt man mit einem nur Deutschen verständlichen Wort den Trieb: Sehnsucht, und der Mensch hat daher nur insofern einen bestimmten Charakter als er eine bestimmte Sehnsucht hat, und da diese nur durch Kraft denkbar ist, nur soviel Charakter, als er moralische Energie besitzt.

Das zweite Hervorstechende in den Griechen Ist also die Tiefe mit der die Sehnsucht, welche sie athmen, auf die ihr entsprechenden Gegenstände gerichtet ist, und die leichte Lebendigkeit, mit der sie sich darstellt, und statt unbefriedigt fort zu schmachten, sich immer neu und immer schöner wiedererzeugt; mithin die Fülle, Reinheit und Stärke ihres geistigen Lebens.

VI. Von solcher (IV.) Sehnsucht (V.) beseelt, konnte das Streben der Griechen nur auf Darstellung des höchsten Lebens (III.), d. i. des menschlichsten Daseyns, gehen.

Das Grundbestreben des Menschen ist auf unbegränzte Erweiterung der vereinten Energie seiner Empfänglichkeit und Selbstthätigkeit, und da er zugleich das Sichtbare und Unsichtbare umschliesst, auf die Schlichtung ihres Widerstreits ohne Vernichtung des einen oder des andern, und indess dies erreicht werden kann, auf ihre Scheinvereinigung in einem Symbol, d. h. in einer Gestalt gerichtet, in welcher das Allgemeine, als Besondres auftritt, und das Besondre sich zum Allgemeinen erweitert.

Diesem Bestreben ergab sich nun der Grieche reiner und ausschliesslicher, als eine andre Nation, und hieraus entsteht ein dritter, vierter und fünfter Hauptzug seines Charakters.

Er suchte immer das Nothwendige und die Idee, mit Hinwegwerfung der zahllosen Zufälligkeiten des Wirklichen.

Seine hauptsächlichste Energie war die Kunst, das Gebiet der Symbole.

Wenn deshalb die Einbildungskraft das herrschende Vermögen seiner Seele wurde, so war es nur die ächte, und schöpferische, die keiner andern Kraft vorgreift, und nie ihr Gebiet verkennt; er besass daher gleichviel Fähigkeit zur reinen Speculation, und gleichviel praktische Weisheit. Er war natürlich und idealisch, niemals chimärisch und phantastisch.

VII. Das Gefühl der Menschlichkeit war so tief in den Griechen, dass sie tief empfanden, wie wenig in dasselbe die Nothwendigkeit augenblicklicher Dauer verwebt ist. Auf der schmalen Gränze zwischen Leben und Tod wollten sie daher nur Leben und volles Leben.

Verachtung todter Formen war also ein sechster Hauptzug ihres Charakters; sie setzten immer nur gern wirkliche, nicht conventionelle Kräfte in Bewegung.

VIII. Dieser ganze Charakter aber erhielt erst volle Klarheit, Bestimmtheit und Mannigfaltigkeit durch das, was den siebenten Hauptzug der Griechen ausmachte, dass nemlich die Freuden der Geselligkeit jeden andern Genuss für sie übertrafen, dass alle ihre Einrichtungen durch die Neigung gebildet schienen, ihre Persönlichkeit in wechselseitige Reibung zu bringen, und dass sie eine sichtbare Richtung hatten, alles volksmässig zu machen, so wie denn auch in der That selbst feine Charakterzüge in ihnen sich im ganzen Volke darstellten.

Sogar die Familien machten bei den Griechen weniger abgesonderte Massen, als bei den Römern, und ihre Bande waren weniger trennend für die allgemeine Nationalgemeinschaft.

IX. Durch alle diese Züge wurde der Charakter der Griechen insofern das Ideal alles Menschendaseyns, dass man behaupten kann, dass sie die reine Form der menschlichen Bestimmung unverbesserlich vorzeichneten, wenn auch die Ausfüllung dieser Form hätte hernach auf andre Weise geschehen können.

Denn wie im Vorigen gesagt ist, so ist die Bestimmung des Menschen immer die Erzeugung des Absoluten aus sich selbst, aber mit Hülfe der Universalität von Erscheinungen, durch welche das Absolute sich einzeln offenbart.

Richtiges Verhältniss zwischen Empfänglichkeit und Selbstthätigkeit, innige Verschmelzung des Sinnlichen und Geistigen, Bewahren des Gleichgewichtes und Ebenmasses in der Summe aller Bestrebungen, Zurückführen von Allem auf das wirkliche, handelnde Leben, und Darstellen jeder Erhabenheit im Einzelnen in der ganzen Masse der Nationen und des Menschengeschlechts, sind gleichsam die formalen Bestandtheile der menschlichen Bestimmung, und diese finden sich in dem Griechischen Charakter gerade mit aller Bestimmtheit der Umrisse, allem Reichthum der Form, aller Mannigfaltigkeit der Bewegung, und aller Stärke und Lebendigkeit der Farben gezeichnet.

Aber es giebt hernach ein Verfolgen der einzelnen Momente dieses Bestrebens im Ganzen, das gerade den Alten fremd seyn musste, weil sie auf die leichte und glückliche Verbindung gingen, welcher jene Trennung wenigstens scheinbar und für den Augenblick widerspricht. Das Absolute muss auf abstractem Wege ergründet, das Wirkliche auf gelehrtem erforscht, das sittliche Zusammenleben der Menschen durch Mittel, die der Ausbildung des Individuums auf den ersten Anblick entgegenlaufen, zu grösseren und schwerer zu erreichenden Resultaten geführt werden.

Hierin können nun die Neueren die Alten übertreffen, die Verbindung nach der Trennung, schwieriger, aber auch grösser, als die vor derselben, kann der Nachwelt vorbehalten bleiben, und so sind die Griechen ein Muster, deren Unerreichbarkeit zur Nachahmung anspornt, statt von ihr abzuschrecken.

X. Dieser nur in seinen hauptsächlichsten Zügen und mit Fleiss, damit das Bild ungetheilt bleibe, rasch entworfene Charakter war derselbe unter allen Griechen und in allen Exertionen griechischen Geistes. Es waren nicht mehrere divergirende, sich entweder gegenseitig beschränkende, oder in etwas Drittem vereinigende Richtungen, sondern überall derselbe Stil und derselbe Geist. Was, der Eigenthümlichkeit desselben nach, einseitig hervorragte, das drängte das ihm Entgegenstehende zurück, und der Vorzug bestimmte unmittelbar auch den Mangel. In der Poesie herrscht der Stil der Plastik; die Philosophie geht Hand in Hand mit dem Leben; die Religion verwebt sich in dieses und in die Kunst; das öffentliche und Privatleben schmelzen den Charakter fester zusammen, statt ihn zu trennen und zu zerreissen.

Das Gegenbild hierzu findet sich in uns. Denn bei uns stehen sich moderner und antiker Stil und Charakter, deren keinen wir aufgeben und von welchem ersteren wir uns nicht einmal losmachen können, ewig entgegen, und erregen unaufhörlichen Zwiespalt nicht nur unter verschiedenen Nationen und Individuen, sondern auch in der eigenen Brust, im Anschauen, Empfinden und Hervorbringen.

Diesem an sich und geradezu nicht zu lösenden Widerstreit des Antiken und Modernen müssen wir hier um so mehr einige Worte widmen, als dadurch zugleich auch die Mängel des hier geschilderten idealischen Charakters der Griechen klar werden.

XI. Einen sehr anschaulichen und klaren Begriff des Unterschiedes zwischen beiden giebt die Frage: was gelang dcn Griechen und was den Neueren so vorzugsweise, dass die einen und die andern es niemals erreichten? und hier ist die Antwort; Bildhauerei und Musik. Zur Plastik der Alten haben die Neueren nie das Mindeste hinzuzusetzen versucht, der einzige Michel Angelo versuchte nur, und vielleicht ohne es zu ahnden, einen neuen Stil, und die schöne Musik hat das Alterthum nie gekannt.

Ohne beständig das Vorragen dieser beiden Künste vor Augen zu haben, bleiben alte und neuere Zeit gleich unerklärlich.

XII. Da in der Bildhauerei die Gestalt, in der Musik das Gefühl herrscht, so ist der allgemeine Charakter des Antiken das Classische, der des Modernen das Romantische, von welchen beiden jenes von der Brust aus die Welt, dieses von der Welt aus die Brust zur Unendlichkeit zu erweitern versucht.

Das Classische lebt in dem Lichte der Anschauung, knüpft das Individuum an die Gattung, die Gattung an das Universum an, sucht das Absolute in der Totalität der Welt, und ebnet den Widerstreit, in dem das Einzelne mit ihm steht, in der Idee des Schicksals durch allgemeines Gleichgewicht.

Das Romantische verweilt vorzugsweise im Helldunkel des Gefühls, trennt das Individuum von der Gattung, die Gattung vom Universum, ringt nach dem Absoluten in der Tiefe des Ichs, und kennt für den Widerstreit, in dem das Einzelne mit ihm steht, keinen Ausweg, als entweder verzweiflungsvolles Aufgeben aller Ausgleichung, oder vollkommene Lösung, in der Idee der Gnade und Versöhnung durchwunder.

Der höchste symbolische Ausdruck von beiden ist der Mythus und das Christenthum.

XIII. Aus diesen Hauptunterschieden entstehen aber durch die Anwendung derselben auf die verschiedenen Verhältnisse des Lebens so viele andre, dass zuletzt nichts ohne Zwiespalt übrigbleibt. Selbst bis auf diejenigen Dinge, welche die Vorzüge beider Zeitalter zu verbinden geschickt scheinen, dehnt sich noch die unübersteigliche Schwierigkeit aus, die aus ihrer Entgegensetzung entspringt. So z. B. sollte man die Malerei, als die Vermittlerin zwischen Bildhauerei (in der Form) und Musik (in der Farbe) für ganz eigentlich unserer Zeit angemessen halten. Allein die fast absolute Unmöglichkeit einen Stoff und eine Behandlung zu wählen, die dem Mythus und dem Christenthum gleich fremd seyen, beraubt immer wieder der Vorzüge der Seite, zu deren entgegengesetzter der Künstler sich näher gewendet hat.

Eine eigentliche Lösung dieses Widerspruchs, eine wahre und eigentliche Verbindung des antiken und modernen Geschlechts in einem neuen dritten lässt sich, auch bei der freigebigsten Einräumung einer unendlichen Perfectibilität, nicht denken.

Die einzige Ausgleichung ist, dass das wahrhaft nicht bloss (wie bei den Griechen) symbolisch Höchste durchaus nicht bestimmt ist sich in seiner Totalität in dem Wesen eines Menschen oder einer Nation darzustellen, dass es in der Wirklichkeit nur theilweis erscheinen, als Ganzes aber nur von dem Gedanken, nur in der Tiefe der Brust, und nur in einzelnen glücklichen Augenblicken angeschaut und geahndet werden kann.

GESCHICHTE DES VERFALLS UND UNTERGANGES DER GRIECHISCHEN FREISTAATEN

Quid Pandioniae restant, nisi nomen, Athenae?
Was, Pandions Athen, jetzt bleibst du, als schallender Name? *Ovid. Metam. XV. 428.*

Indem ich unternehme, die Geschichte des Verfalls und Unterganges der Griechischen Freistaaten zu schreiben, habe ich einen dreifachen Zweck vor Augen: erstlich mich in eine Zeit zu versetzen, in welcher der tief rührende, aber immer anziehende Kampf besserer Kräfte gegen übermächtige Gewalt auf eine unglückliche, aber ehrenvolle Weise gekämpft ward; zweitens zu zeigen, dass Entartung die Schuld des Verfalls Griechenlands nur zum Theil trug, der mehr verborgene Grund aber eigentlich darin lag, dass der Grieche eine zu edle, zarte, freie und humane Natur besass, um in seiner Zeit eine, damals die Individualität nothwendig beschränkende politische Verfassung zu gründen; drittens einen Standpunkt zu fassen, von dem sich die alte und neue Geschichte in ihrem ganzen Umfange bequem überschauen lässt.

So lange ein Staat auf der Woge seines Glückes fortrollt, ist in dem freudigmuthigen Gefühl dieses erhebenden Anblicks nichts Einzelnes zu unterscheiden; das Nachdenken wird weniger, als die Mitempfindung erregt; die zusammenwirkenden Kräfte werden nur in ihren einfachen Resultaten wahrgenommen; viele scheinen zu schlummern, da nicht in die Augen fallender Widerstand sie einzeln erweckt. Wann aber den künstlichen Bau die Klippe des Unglücks zerschellt, springen augenblicklich die verschiedenartigen Bestandtheile ins Auge; die Betrachtung erwacht; an die Stelle frohen Mitgefühls tritt tief ergreifende Wehmuth; mit dem Falle des Einen scheint Alles zu wanken; und Gedanke und Empfindung schweifen in weitere Ferne. Daher ist die Geschichte des Verfalls der Staaten meistentheils anziehender, als die ihrer Blüthe, oder vielmehr die letztere erst dann recht anziehend, wenn sie von dem Verfall aus betrachtet wird.

Der Untergang der Griechischen Staaten hat aber noch das Eigenthümliche, dass er mehr einem gewaltsamen, als einem Krankheitstode gleicht, wo das Leben erst weicht, nachdem die Kraft schon erloschen ist. Die wahre Periode des Verfalls Griechenlands war schon die Regierung Philipps und Alexanders; nicht bloss die innere Freiheit, sondern auch die äussere Unabhängigkeit war damals schon zum Namen geworden; und doch lebten in dieser Periode Praxiteles und Apelles; die feinste Blüthe Atheniensischer Beredsamkeit entwickelte sich in Isocrates, Aeschines und Demosthenes; Aristoteles erstieg den Gipfel seiner Grösse, und Plato reicht bis an diese Zeit. Auch an weiser und unternehmender Staatsklugheit, an reiner Vaterlandsliebe, an ausharrendem Muthe, an ewig gegen seine Fesseln knirschendem Freiheitssinn fehlte es weder damals, noch lange nachher, wie die Schlachten von Chäronea und Cranon, die Unbiegsamkeit der Thebaner gegen Alexander, später Philopömenes und Aratus, und die verzweifelte Gegenwehr Athens gegen Sylla bezeugen. Gegen die Athenienser, selbst gegen die Thebaner und Spartaner waren die Macedonier und Römer, die Unterjocher und Eroberer Griechenlands, nur Barbaren zu nennen; der bessere und edlere Theil erlag, und die rohe Uebermacht trug den Sieg davon.

So geschieht es oft, um nicht mit Erbittrung zu sagen immer, in der Geschichte, in der lebendigen und leblosen Natur. Die barbarischen Völker besiegten fast immer die höher gebildeten; einseitige, kalt berechnende, unruhige Nationen ihre humaneren, sich treuer und inniger den Beschäftigungen des Friedens weihenden Nachbarn; der rohere Mann beherrscht, und oft knechtisch, das zartere Weib; das Meer wälzt seine Fluten, Vulkane ihre Schlacken auf blühend angebaute Gefilde; die Natur kraft, im Moralischen wie im Physischen, schreitet ihren Weg, die geistige stemmt sich ihr entgegen, oft mit Erfolg, aber öfter umsonst, und sucht dann, wenn sie nicht im Verzweiflungsmuth untergeht, die Freiheit im Inneren wieder, die sie im Aeussern verliert.

Auch würde man mit Unrecht deshalb das Schicksal anklagen, wenn auch das Schicksal das freie Walten der Kräfte regierte, und nicht vielmehr selbst das freie Walten dieser Kräfte wäre, die, als Kräfte des Alls, am Ende von selbst zu der wohlthätigen Harmonie zusammenstreben, die wir als Werk des ordnenden Schicksals anzusehen gewohnt sind. Jenes Ueberwältigen des Besseren durch unwiderstehliche Gewalt zertrümmert das augenblickliche Glück, aber vermehret die innere Kraft, sie weckend und in sich zurückdrängend; und nicht, oft und meistentheils heilsames, Unglück, am wenigstens des Augenblicks, sondern Schwäche und Entartung sollen in der moralischen Welt vermieden werden. Nicht auf Glück kommt es in ihr an, sondern auf selbstständige, harmonische, aus Edlem entspringende und zu Edlem fortschreitende Kraft, aus der unmittelbar, mitten in und trotz aller Ereignisse des Zufalls, Glück und Heiterkeit von selbst hervorgehn. Das eigentliche tiefe und innige Verlangen einer wahrhaft menschlichen Brust ist, zu seyn, wozu die Natur die Anlage in sie gesenkt hat, ihre Bestimmung zu erfüllen, und sey es auch durch unaufhörliches Entbehren und Leiden. Wenn die wirklich höhere Kraft einem schlechteren Widersacher erliegt, unterwirft sie sich nur, weil sie nicht mehr zu widerstehen vermag, aber macht nie in schimpflichem Vertrage ihre Sache mit der seinigen gemein, sammelt sich vielmehr mit verdoppelter Anstrengung in sich selbst, wählt sich mühsamer gesuchte und darum wundervollere Bahnen, und beherrscht, nachdem sie ihrem Sieger augenblicklich gewichen ist, ihn zuletzt durch das langsame, aber mächtige Ausstrahlen ihre Geistes und ihrer Treflichkeit.

Griechenland war schon von vielen Seiten entartet und verderbt, als der erste Angriff auf seine Freiheit geschah, es ver mochte sich auch, nach Zerstörung derselben, nicht auf eine eigene, geschweige denn schönere Weise, als vorher, zu erheben. Aber es bewahrte einen Rest der alten Tugenden, seine wissenschaftliche und künstlerische Bildung hatte gerade damals ihren höchsten Gipfel erreicht, und es beherrschte von dieser Seite aus erst seine Ueberwinder, dann später die Ueberwinder dieser, und endlich alle folgenden Geschlechter bis auf uns selbst. Es bewies hierin seine edlere Natur, so wie das, was zum edelsten ihm mangelte, in der Niedrigkeit, zu der sein Volk, als Nation (nicht jetzt, wo es mit Unrecht geschmäht wird, aber unter den Römern) hinabsank, in der Verächtlichkeit, in der soviele Griechen in der weltbeherrschenden Stadt lebten. Denn es ist immer nur eigne, nie der Umstände Schuld, wenn eine Nation, auch besiegt, ihrem Sieger nicht Achtung und sogar Ehrfurcht einzuflössen versteht. Das Unglück, das jeder menschlichen Brust ehrwürdig ist, und die Scheu, welche der Glückliche, oft selbst im Uebermuth, fühlt, arbeiten noch für sie mit. Aber Griechenland ward, nach seiner Besiegung, den kommenden Nationen zum warnenden Beispiel, wie es ihnen ein aufmunterndes und belehrendes in der Beharrlichkeit seyn kann, mit der es den ungleichsten und ungünstigsten aller Freiheitskämpfe immer aufs neue begann.

Denn niemand kann den Griechen den Vorwurf machen, dass sie ihre Freiheit kampflos dem Feinde in die Hände lieferten, eher den, dass sie dieselbe vorher schon, nicht genug sie zu sichern bedacht, leichtsinnig verscherzten. Ihre Erhaltung war von den frühesten Zeiten an mehr ein Geschenk der zarten Obhut des Schicksals, das keinen unternehmenden, wahrhaft furchtbaren Feind gegen sie aufstehen liess, als die Frucht ihrer Staatseinrichtungen und ihres politischen Sinns. Es fehlte ihnen von jeher an einer festen und dauerhaften Verfassung; aber als wenn die Huld der Götter es sich zu einem eignen Geschäft gemacht hätte, sie zu grossen, freien, durch keine Schranken gebundenen Menschen zu bilden, so weckte sie ihnen in den Perserkriegen einen Kampf, welcher die äussersten Anstrengungen muthiger Vaterlandsliebe erheischte, aber auch, gleich einem für jugendlich aufblühende Staaten bestimmten Uebungsspiel, so gemacht war, dass diese Anstrengungen nicht darin zu erliegen brauchten.

Es wird viele gewundert haben, eine Nation für eine gute politische Verfassung zu edel genannt, und Individualität und Volksmässigkeit gleichsam in unvereinbarem Widerstreit einander gegenüber gestellt zu sehen. Nie aber war es die Absicht, damit zu sagen, dass das Individuum gewissermassen nur vereinzelt gross werden könne. Eine Schrankenlosigkeit, welche die wohlthätigen Bande der Bürgerliebe zerrisse, wäre verderblicher, als der gewaltsamste Druck; eine Nation, die gleichgültig bliebe bei dem Schicksale irgend eines, der ihre Muttersprache redet, für die der Name des Vaterlandes seine Bedeutung verloren hätte, die ihre Unabhängigkeit mit irgend einem Opfer zu theuer erkauft glaubte, und, wenn sie dieselbe verlöre, nicht ewig mit Unwillen gegen das fremde Joch anstrebte, eine solche Nation litte noch wenig, wenn sie bloss aufhörte, Nation zu seyn; sie wäre aber auch unfähig, noch wahrhaft grosse einzelne Männer hervorzubringen. Denn überall geht in der physischen und moralischen Natur die einzelne Kraft nur aus der gesammten hervor.

Niemand versuche es daher, den Menschen vom Bürger zu trennen; nur in der Art, wie beide im Individuum in einander verschmolzen sind, kann ein Unterschied liegen, und hierbei kommt die politische Verfassung in Betrachtung.

Eine solche aber liess sich bei den Alten auf eine dauerhafte Weise kaum anders, als mit Vertilgung des Menschen im Bürger denken, da ihre Staaten nach innen und nach aussen hin bei weitem mehr Gefahren entgegenzuarbeiten hatten, als die neueren. Auch war der Staat, in welchem, vom ersten Ursprunge an, der Mensch dem Bürger auf eine wundervolle Weise untergeordnet wurde, der Römische, der einzige, welcher sich erhielt und zur Weltherrschaft aufschwang.

In Absicht ihrer äussern Verhältnisse waren die alten Nationen durchaus ungleichartige, in allen Rücksichten verschiedene Massen; jede stand verinselt in ihrem Gebiete, auf dem Boden da, dessen Schoosse viele sogar entstammt zu seyn glaubten; es verband sie weder die Heiligkeit einer gemeinschaftlichen Religion, noch die Liebe ähnlicher Sitten, noch die Achtung gegenseitig anerkannter Bildung. Nicht einmal der Handel, geschweige denn höhere Bedürfnisse der Menschheit hatten sie gelehrt, dass, um des eigenen Wohlstandes und der eignen Freiheit recht zu geniessen, fremder Wohlstand und fremde Freiheit geschont werden müssen, und sogar Carthago strebte nur nach Provinzen und Kolonien, wenig oder gar nicht nach Bündnissen mit frei handlenden Städten. Das Colonial-system war, weil es die engen Bande einer kleinen Völkerschaft auf weite Erdstriche ausdehnte, das einzige Element, aus welchem eine, unsem neueren ähnliche politische Verfassung hätte vielleicht hervorgehen können; das heilige Feuer der Pflanzstadt war auf dem Altare der Mutterstadt angezündet, alljährlich brachte jene den Göttern, deren Obhut sie günstig weggesendet hatte, den Zoll ihres Dankes dar; fromme Bande kindlicher Ehrfurcht und elterlicher Liebe verknüpften Colonien und Mutterland, und beide waren und sahen sich fortwährend als Eines Stammes und Einer Nation an. Auch dieses System verstand keine Nation so schön, auf eine so ausgebreitete, *so* dauerhafte, so wohlthätige, so heitre Weise zu gründen, als die Griechen, keine so wenig als die Römer. Die Freiheit, die beide Nationen gewiss bis in die tiefste Ader ihres Busens durchglühte, hatte dem Römer alles gegeben, was nothwendig ist, äussere und innere Unabhängigkeit zu erhalten,

Erbitterung gegen willkührliche oder fremde Herrscher, Mistrauen gegen jeden, der es werden, Hass und Muth gegen jeden, der es geworden seyn könnte, unabweichlichen Gehorsam gegen das Gesetz, und, alles nemlich in den Zeiten, von welchen zu reden allein die Mühe belohnt, gänzliche Unterordnung des Privatinteresses unter das gemeine Wohl; aber das sich selbst überlassene Spiel ihrer Willkühr (denn Gehorsam und Willkühr sind die beiden bildenden Elemente der Freiheit), die Wärme, welche die Freiheit auf die ganze Gesinnung, die Freundlichkeit, welche sie auf alles verbreitet, was ein freies Volk nur berührt, das, was nicht bloss finstere Staaten bildet, sondern die Menschheit ziert, und das Leben erheitert, diese ihre lieblichste und holdeste Gabe hatte sie allein dem Griechen aufbewahrt. Aber auch das griechische Colonialsystem war zu schwach um mehr zu thun, als Handel, Erdkunde und Bildung zu befördern, unwirthbare Meere in wirthbare zu verwandeln; über mächtige, angränzende, barbarische Nationen Herrschaft zu gewinnen, war ihm so wenig möglich, dass es vielmehr selbst ihrem Andrängen nur mit Mühe widerstand. An wahrhaft nachbarliche Verhältnisse, an eine Politik, welche den Gegner schont, die den Nebenbuhler nur nicht übermächtig werden lassen, nicht aber vernichten will, war nur unter blutsverwandten Staaten, unter solchen, deren Streitigkeiten besser mit dem Namen der Bürgerzwietracht, als des Kriegs belegt worden wären, zu denken. Was das 18. Jahrhundert in Europa sah, liess sich einzig und allein noch gewissermassen in den innern Verhältnissen Griechenlands wiederfinden. Als in jener merkwürdigen Berathschlagung über das Schicksal des von den Lacedämoniern überwundenen Athens der Thebaner Euanthus vorschlug, die Stadt zu zerstören, und den Boden, der die Trophaeen der Griechischen Freiheit und die Meisterwerke Griechischer Kunst trug, zum Weideplatz der Böotischen Heerden zu machen, erhoben sich die Phocenser, widersprachen mit Festigkeit und sagten, man müsse Hellas nicht einäugig werden lassen. Wenn Scipio Nasica gleichfalls sich der Zerstörung von Carthago widersetzte, haue er dagegen nur zur Absicht, seine schon ausartenden Mitbürger durch die Erhaltung eines mächtigen, und doch nicht mehr wesentlich gefährlichen Feindes im Zaume zu halten; sonst findet man keine Spur, dass man darauf bedacht gewesen sey, zwischen Rom und Carthago, oder Carthago und Syracus, oder Griechenland und Persien, oder andern fremden und wetteifernden Staaten ein Verhältniss des Gleichgewichts hervorzubringen, das die Möglichkeit eines furchtlosen, friedlichen und ruhigen Nebeneinanderbestehens zur Absicht gehabt hätte. Die politische Richtung der Staaten des Alterthums nach aussen hin konnte nicht auf Freiheit, sondern musste nothwendig auf Herrschaft gehen, und die Sicherheit war für sie nur in der Weltherrschaft anzutreffen. Dies hat die Erfahrung durch Versuch und Gegen versuch bewiesen; an den Römern, welche, diese Maxime, wenn auch nicht klar gedacht, befolgend, glücklich waren, und an den Spartanern, welche, von der entgegengesetzten ausgehend, mit der politischsten Erziehung | und Beschränktheit, zu welcher sich je ein Volk verdammt hat, vorzüglich darum scheiterten, weil alle Lykurgische Einrichtungen nur auf Vertheidigung berechnet waren; als wäre es einem Volke des Alterthums möglich gewesen, so wie die Schweiz es bis auf die Französische Revolution konnte und that, seine Freiheit innerhalb seiner Gränzen zu bewahren. Die alten Staaten konnten nicht einmal so, wie die unsrigen, in dem Vertrauen auf Friedensschlüsse und Verträge ausruhen, sondern glichen beständig angespannten Maschinen. Mit dem Augenblick, da ihre Macht die geringere ward, oder sich ein vorher mangelnder Anlass zum Angriff zeigte, hub auch die Gefahr an.

Vor dieser aber gab es noch eine, die Europa glücklicherweise seit anderthalb Jahrhunderten nicht mehr kennt, die Einfälle barbarischer Horden. Diese befanden sich sogar ausserhalb der Gränzen des lockern Völkersystems, das noch (wenn es gleich auf keine Weise eigentlich diesen Namen verdient) allenfalls zwischen Italien, Griechenland, Asien und NordAfrica bestand. Da sich mit ihnen höchstens nur ihre auch schon halb barbarischen Nachbarn in einiger Verbindung befanden, man aber weiterhin nicht einmal die Namen Ihrer Völkerschaften, geschweige denn die Ursachen und die Richtungen ihrer Züge kannte, so liessen sich ihre Einbrüche nur mit Naturerscheinungen, Ungewittern oder Heuschreckenzügen vergleichen. Gegen sie galt keine Politik; keine Vorsicht, keine Weisheit konnte ihren Entwürfen zuvorkommen, nur Wachsamkeit die Eindringenden von den Gränzen zurückhalten, nur Tapferkeit die Eingedrungenen wieder vertreiben.

Um nun auf die Dauer den Gefahren gewachsen zu seyn, welche für einen Griechischen Staat aus dem dreifachen System seiner politischen Verhältnisse (erstlich zu seinen Hellenischen Mitstaaten, dann zu den mächtigeren, Griechenland umgebenden Reichen, endlich zu den Barbaren des Nordens, welchen man für die Inseln und Küstenbewohner die Seeräuber des Südens beizählen kann) entstanden, wäre eine eigne rein politische Erziehung den Bürgern erforderlich gewesen, und das um so mehr, als bei den Alten so oft an die Stelle eines leblosen Werkzeugs und einer todten Einrichtung der lebendige Mensch, und an die Stelle Einzelner, die sich einer gewissen Beschäftigung gewidmet haben, so wie es die Gelegenheit mit sich brachte, jeder Bürger eintreten musste. Denn was Lykurg von seiner Vaterstadt gesagt haben soll, dass ihre Ringmauer die Brust ihrer Bürger seyn müsse, das galt mehr oder minder von jeder, auch wohl befestigten Stadt des Alterthums. Man kannte damals noch weder die Hindernisse, noch Schutzmittel, welche die neuere Zeit in den Rechten der Völkervereine, in Maximen der Schicklichkeit, Gewohnheiten und selbst Vorurtheilen, die mit jenen Rechten, sogar ohne dass man es sich selbst gestand, zu gleichem Ansehen gediehen waren, den Unterdrückern entgegenstellte, und den Unterdrückten gewährte; es war damals noch nicht daran zu denken, dass der Krieg, wie im 18. Jahrhundert, nur zwischen einer vorher bekannten Anzahl von Bürgern, mit Schonung der übrigen, nur mit Benutzung gewisser Vortheile, mit freiwilligem Aufgeben andrer, gewissermassen bloss wie ein blutiges Schachspiel geführt worden wäre; die Gefahr traf jeden Einzelnen, seinen Heerd, sein Weib, seine Kinder; und der Mangel an Kriegswerkzeugen und eigentlicher Taktik machte, dass sich doppelt mehr, als bei uns, jeder Einzelne ihr entgegenstellen musste.

Vielleicht noch nothwendiger aber ward Bürgererziehung zur Erhaltung der innern Verfassung. Wenn es bei uns selten geworden ist, dass ein Einzelner mit Umsturz der Gesetze, oder Hinwegräumung des rechtmässigen Herrschers die oberste Macht selbst an sich zu reissen versucht, oder dass entgegengesetzte Partheien die öffentliche Ruhe in Gefahr bringen; so ist es grossentheils, weil es unter uns an Bürgersinn und Vaterlandsliebe mangelt, und mit diesen Tugenden auch die sie, als nothwendige Uebel, begleitenden Laster und Verbrechen vermisst werden. Privat und öffentliches Interesse sind durch eine weite Kluft geschieden, und Unglück und Schande der Nation werden nicht mehr als eignes Unglück und eigne Schande gefühlt. Die körperliche Arbeit und Sorge für die Bedürfnisse des Lebens ist von den Schultern der Sklaven bei uns auf die Schultern des Volkes gewälzt, der Wohlhabende aber kennt eine Menge von Beschäftigungen, Vermögen zu erwerben. Musse auszufüllen und Kräfte zu bilden, die vom Staate durchaus unabhängig sind, oder wenn sie auch mit der Staatsverwaltung zusammenhängen, doch ziemlich gleich gut unter jeder Staatsverfassung fortdauern können. Der Geist des Griechen und Römers hingegen war ganz von diesem grossen, jedes andere verschlingenden Interesse eingenommen, an diese kräftigere Nahrung gewöhnt, ekelten ihn viele unsrer Beschäftigungen, als unwürdig an, und er zog einen edeln Müssiggang einer bedeutungslosen Thätigkeit vor. Vorzüglich freie und unabhängige Gemüther sind auch unter uns geneigter, sich geschäfteloser Musse hinzugeben.

Was daher die neueren Staaten sichert, ist die Gleichgültigkeit gegen die politische Verfassung; nur Wenige nehmen einen ernstlichen, und noch Wenigere reinen und uneigennützigen Antheil daran, welchen Gesetzen, welchem Herrscher man gehorche (was das Privatleben bequem macht, der individuellen Neigung schmeichelt, ist es leichter unter jedem noch so leidlich durchzubringen, als selbst das entschiedene Uebel mit Muth anzugreifen), der Sorge dafür nachzuhängen haben wir theils keine Zeit, theils wollen wir die wirklich vorhandne nicht darauf verwenden. Die Alten hingegen hatten nicht bloss volle Zeit, sondern wollten dieselbe auch zu nichts Anderm verwenden, und darum drohten ihren Staaten mehr Gefahren von den Einfällen der Unruhigen, den Entwürfen der Ehrgeizigen, den Ränken der Lasterhaften, ja selbst manchmal von dem Starrsinn der Guten.

Diesen Gefahren mit einigem Erfolge vorzubeugen, gab es kein anderes Mittel, als die Verfassung des Staats dem Bürger wirklich einzupflanzen, gewisse auf das Ganze berechnete Maximen dergestalt in ihm herrschend zu machen, dass sie die individuellen verdrängten. Eine solche Maxime war es in Rom, dass es den Römer entehre, etwas anders zu seyn, als Krieger, Richter und Staatsmann oder höchstens noch Bebauer des väterlichen Ackers; eine solche ebendaselbst für die äusseren Verhältnisse die Oberherrschaft Roms über alle andre Nationen. Ein ganzes Volk konnte nicht, wie ein einzelner Eroberer, an Weltherrschaft denken; die Römer hatten auf der andern Seite ebensowenig die wohl neueren Staaten eigne Politik, ihre Gränzen durch die verbundenen Rücksichten auf äussre Sicherheit und innre Erhaltung, ausdehnend und einschränkend, zu bestimmen; erst die Kaiser kamen, gewitzigt durch äussere Einfälle und innere Unruhen, auf eine solche, hier Provinzen hinzunehmende, dort Provinzen verlassende Grenzbestimmung; die Alten liessen vermuthlich die mögliche Ausbreitung ihrer Herrschaft dahingestellt. Aber klar ausgesprochner und unabweichlicher Grundsatz in ihnen war es, Schiedsrichter der Nationen zu seyn, und wo sich, was im Laufe der Zeit niemals fehlen konnte, gerechte oder ungerechte Bitte an sie wandte, da mischten sie sich ein, und endigten gewöhnlich mit der Unterjochung der Unterdrücker und Unterdrückten zugleich. Diese beiden Maximen, verbunden mit vielen andern, bald Allen gemeinschaftlichen, bald einzelnen Ständen eigenthümlichen, setzten dem liberalen Umgange mit Fremden, und der eignen vielseitigen Ausbildung unüberwindliche Hindernisse entgegen. Aehnliche Beschränkungen kannten andre Nationen, und da, bei dem oft müssigen, und fast immer gemeinschaftlichen Leben der Alten, die Sitten, auch in moralisch gleichgültigen Punkten, von ganz andrer Wichtigkeit, als bei uns, waren, so erstreckten sich diese Beschränkungen auch auf Dinge, die, wie die Untersagung dieser oder jener Musik, uns beinah unbegreiflich scheinen.

Für solche, nach dem Vorigen, dennoch zur dauernden Erhaltung der alten Staaten so nothwendigen Beschränkungen nun nannte ich die Griechen zu edel und frei, und wenn ich: Griechen sagte, meynte ich besonders die Athenienser. Denn Griechenland stieg und sank mit Athen; nur Athen bewies eine Reihe von Jahrzehenden hindurch genug Unternehmungsgeist und Ruhmbegierde, Muth, und Klugheit, und trotz vieler schreiender Ungerechtigkeiten, im Ganzen selbst Billigkeit und griechischen Gemeinsinn, um Führerin der Hellenischen Freistaaten zu seyn, eine Würde, die auch ausserdem, der Lage der Sachen nach, sich nur bei einer Seemacht dauernd erhalten konnte. Unterlag Athen fremder Herrschaft, konnten die übrigen Griechen nicht mehr frei bleiben; ja ihre Unabhängigkeit lief sogar immer sichtbarer Gefahr, sobald Athen nur von seiner Führerstelle verdrängt war.

Wie nun gerade der Atheniensische Charakter solchen Beschränkungen widerspricht, wird mehr die Folge dieser ganzen Geschichte zeigen, als es hier einzeln bewiesen werden kann.

Für keinen mit Attika Vertrauten wird aber auch die Behauptung befremdend scheinen.

Die Richtung nach Individualität hat die Bildung erst in neueren Zeiten genommen, erst seitdem das Christenthum durch den nie ganz gelungenen Versuch, alle Nationen zu vereinigen, alle Nationalbande zerrissen hat. Wonach wir individuenweise streben, dahin suchten die Alten völkerweise zu gelangen.

Es gab indess hierbei doch noch einen Unterschied, ob nemlich in einer Nation, wie bei den Römern, mehr der Zwang der Verfassung, oder, wie bei den Aegyptern, die fast zur Naturbeschränkung gewordene Fessel der Sitte, oder endlich, wie bei den Griechen, der freie Trieb zu gemeinschaftlicher bürgerlich-geselliger Ausbildung sichtbar war; und hier findet sich nun bei diesen letzteren, aber besonders bei den Atheniensern ein merkwürdiger Zug, derjenige nemlich, dass, so feind die Griechen der Bildung eines einförmigen Ganzen durch Zwang, selbst der Gesetze, waren, ebensosehr ihre Natur sie der Bildung eines aus vielfachen durch Freiheit verbundenen Massen bestehenden geneigt machte — eine Bildungsart, welche den doppelten Vorzug zahlreicherer Eigenthümlichkeiten und beständiger Verbindung von Zwiespalt und Eintracht (zu grösserer und wohltätigerer Reibung) bewahrt, indem die Vereinigung die übereinstimmenden, und die ihr untergeordnete Theilung die auszeichnenden Eigenschaften begünstigt. Die Griechen hatten eine entschiedene Neigung zum Föderalismus, und besassen sie weniger Sinn, als die Römer, für strenge, unveränderte Staatsverfassung, so hatten sie unglaublich mehr für bürgerliches Leben und bürgerlichen Genuss.

Nur aus dieser Geneigtheit zur Bildung gleichsam von selbst an einander tretender Massen lassen sich die auffallendsten Erscheinungen Griechischen Lebens und Griechischer Geschichte erklären, und aus ihr entspringt sogar grösstentheils jene glückliche Organisation des Griechischen Geistes und Charakters, die ewig die Bewunderung der Nachwelt bleiben wird. Allein in politischer Hinsicht können so gebildete Massen unmöglich gleich haltbar weder gegen äussere Angriffe, noch gegen die Ursachen seyn, die jeder menschlichen Verfassung den Untergang allmählig von innen bereiten.

Es ist unmöglich, bei Raisonnements, wie das gegenwärtige, der Begierde zu widerstehen, alte und neue Zeit, vergleichend, zu Resultaten für das äussere, noch mehr aber für das innere, tiefere Leben in Ein Ganzes zusammenzuziehn. Die Schicksale des Menschengeschlechts überhaupt und nothwendiger Weise als eine ununterbrochene Kette anzusehen, und ihnen ein bestimmtes Ziel zu setzen, ist vielleicht ein misliches Unternehmen, da die Reihe so oft, selbst bis zum Erlöschen jeder mündlichen Ueberlieferung, unterbrochen ist, und wir nur einen so ausnehmend kleinen Theil aller Ereignisse übersehen. Allein unläugbar ist es, dass einzelne Perioden, sollten sie auch durch wahre Klüfte, durch Naturrevolutionen, oder was man sonst von der Art annehmen mag, von den vorhergegangenen und nachfolgenden getrennt seyn (da es wunderbar ist, zu verlangen, dass der Mensch oder sein Geschlecht gerade auf der Erde ein Ganzes ausmachen solle), doch in sich in einem wirklichen und SachZusammenhange stehen, und eine solche Periode ist z. B. die, welche wir von den ersten nicht ganz Ungewissen Nachrichten über die Aegyptier und die VorderAsiatischen Völker an bis auf unsre Zeiten vor Augen haben, obgleich auch hier vieles für uns weder einen Anfang kennt, noch sich an die Folge anschliesst. Nimmt man nun diese von ihrem wichtigsten Gesichtspunkt, von dem, auf welchen alle Geschichte, ja alle Weisheit hinstrebt, von der geistigen Cultur; so ist die Seele dieser Periode die Griechische Bildung. Sie zündete die ersten Funken an, ihre wohlthätigen Wirkungen leben in uns fort, und das Beste in uns verdanken wir unmittelbar ihr; sie selbst aber entfaltet sich nur vollkommen in ihrem Gipfelpunkte, welcher zugleich wieder der Anfang des Sinkens von Hellas ist; und darum nannte ich den Verfall der Griechischen Freistaaten einen bequemen Mittelpunkt zum Ueberschauen unsrer ganzen Geschichte. Er hat mit dem Untergange des Römischen Reichs das gemein, dass die neuere Zeit sich aus beiden entwickelte. Aber aus dem Verfall Roms gingen mehr unsre Verfassungen, Gesetze, Staatenverhältnisse, aus dem griechischen mehr unsre innere Bildung, unser geistiges und zum Theil sittliches Leben, unsre Wissenschaft und Kunst hervor. Selbst auf unsre Religion übte alt und neuplatonische Philosophie einen entschiedenen Einfluss aus, da das Römische Reich nur zu ihrer Ausbreitung und politischen Gründung beitrug, und so bildete Rom in vielfacher Hinsicht immer den Körper, dem Griechenland die Seele einhauchte.

Man kann mit Grunde behaupten, dass die Griechen nur durch Vermittlung der Römer auf uns gekommen sind, da auch das morgenländische Kaiserthum, dessen Flüchtlinge die griechische Literatur im Occident wiederherstellten, ein Ueberrest des Römischen Reichs war. Wären sie nicht von diesen, also einem mächtigen, sicher gegründeten und schon cultivirten Volke, sondern, wie die Römer selbst, von streifenden Barbarenhorden zerstört worden, oder hätten ihre Ueberwinder nicht, selbst mit roher, nie nachzuahmender Barbarei, einen so grossen Theil ihrer Kunstschätze sich zugeeignet, so wäre vermuthlich nur äusserst wenig für uns übriggeblieben. Der Einfluss der Griechen auf uns fängt also erst da an, wo die Römer sich ihnen näherten; die Hand der Römer aber näherte sich nie anders, als um zu unterjochen, oder zu zerstören.

Seit dieser Zeit ward Hellas dergestalt in Latium verwebt, dass man noch jetzt kaum einen Schritt in den Trümmern Roms machen kann, ohne des Landes mit Rührung zu gedenken, das, noch grausamer, als Italien, vom Schicksal behandelt, von Barbaren verwüstet da liegt. So in dem Namen des klassischen Alterthums vereint, gingen beide auf die neuere Zeit über, und lange schied man nicht rein und sorgfältig was Griechischem und Römischem Geist angehörte; oft werden noch jetzt beide verwechselt. Die Deutschen besitzen das unstreitige Verdienst, die Griechische Bildung zuerst treu aufgefasst, und tief gefühlt zu haben; zugleich aber lag in ihrer Sprache schon vorgebildet das geheimnissvolle Mittel da ihren wohlthätigen Einfluss weit über den Kreis der Gelehrten hinaus auf einen beträchtlichen Theil der Nation verbreiten zu können. Andre Nationen sind hierin nie gleich glücklich gewesen, oder wenigstens haben ihre Vertraulichkeit mit den Griechen weder in Commentaren, noch Uebersetzungen, noch Nachahmungen, noch endlich (worauf es am meisten ankommt) in dem übergegangenen Geiste des Alterthums auf ähnliche Art bewiesen. Deutsche knüpft daher seitdem ein ungleich festeres und engeres Band an die Griechen, als an irgend eine andere, auch bei weitem näher liegende Zeit oder Nation.

In dieser Bedeutung den Verfall der Griechischen Freistaaten zum Mittelpunkt der Geschichte nehmend, möchte ich daraus diejenigen Resultate ziehen, zu welchen alle Geschichte, ja jedes menschliche Unternehmen am Ende hinstrebt. Denn was hilft es, dass sich der Geist auf tausend und aber tausend Einzelheiten zerstreue, ohne den Punkt zu finden, in dem er endlich ausruhen kann? Dieser Ruhepunkt aber ist allein in der Stellung, auf welcher der Mensch sein Verhältniss zur Welt am treusten und fruchtbarsten auffasst, und in der Richtung, in der er sich mit ihr in die, seiner Eigenthümlichkeit angemessenste Wechselwirkung bringt. Nur auf diesem Standpunkte wird es ihm möglich, das noch Weiche und Bildsame mit leidenschaftlicher Theilnahme zu bearbeiten, und auf das einmal unabänderlich Erstarrte im Schicksale der Einzelnen, Nationen und Zeiten mit wehmüthiger Ruhe zu blicken; in die Wirklichkeit, wie sie ihn umgiebt, wo es Nothwendigkeit gebeut, oder Weisheit erlaubt, mit Eifer und Thätigkeit einzugreifen, und das Idealische und Göttliche nicht als das wahre und eigentliche Vaterland zu verkennen. Die richtige Bestimmung unsres Standpunkts zum Alterthum aber muss nothwendig auch über jenem Standpunkt in aller vergangenen und zukünftigen Zeit wichtige Aufschlüsse gewähren.

Jede Geschichte des Wachsthums oder des Verfalls einer Nation ist, als Schilderung einer moralischen Erscheinung, weniger reine Geschichte, als Raisonnement über dieselbe. Sie wird dies aber noch mehr bei der im Eingange gleich kurz angegebenen und im Vorigen ausführlicher auseinander gesetzten Absicht der gegenwärtigen Arbeit. Die Darstellung des Verfalls der griechischen Freistaaten soll zugleich den Einfluss des griechischen Geistes auf die Folgezeit und unser Verhältniss zum Alterthum klar machen, und dadurch über den Gang der Menschheit und das Streben des Einzelnen Licht verbreiten. Die beiden letzteren Punkte werden freilich vorzüglich nur für den Gesichtspunkt eines Deutschen erörtert werden, da jeder Schriftsteller über praktisch philosophische Gegenstände absichtlich immer nur für seine Nation schreiben sollte; und Deutschland (fremde Leser mögen der wehmüthigen Seite dieser Vergleichung die ehrenvolle verzeihen) in Sprache, Vielseitigkeit der Bestrebungen, Einfachheit des Sinnes, in der föderalistischen Verfassung, und seinen neuesten Schicksalen eine unläugbare Aehnlichkeit mit Griechenland zeigt.

Jedoch würde man mich ganz und gar misverstehen, wenn man glaubte, dass ich die Geschichte bloss zu einem Anlasse misbrauchen wollte, ihr fremdartige Betrachtungen an sie anzuknüpfen. Die Weisheit der Zeiten ist über jede Weisheit der

Menschen erhaben; der Gang des Schicksals soll an dem Leitfaden der Erfahrung gezeigt, der Sinn durch sie gestärkt und genährt werden; das Erste also ist, sie rein und treu zu überliefern, und das bisher Gesagte ist bloss Rechtfertigung der Wahl des Gegenstandes und der Art der Ausführung, wo der blosse Geschichtszweck mehrere zuliesse. Der hauptsächlichste Theil der Arbeit bleibt immer einzig und allein die Darstellung Griechenlands in seinem Verfall, und diesem werde ich daher alle historische Genauigkeit, Ausführlichkeit und Unpartheilichkeit widmen, deren ich fähig bin. An ihn schliesst sich der zweite nur an.

Die Geschichte des griechischen Verfalls theilt sich von selbst in drei Perioden ab, in deren erster die Freiheit und Unabhängigkeit untergraben, in der zweiten vergeblich zu retten versucht, und in der dritten auf immer verloren wurde: in die Periode

1. Philipps und Alexanders; von des ersteren Thronbesteigung bis zur Schlacht bei Cranon; da Alexander durch seinen Beschluss die Verbannten der griechischen Städte betreffend, und die unpolitische Zurücksendung mehrerer Tausende von Miethsoldaten nach Griechenland noch selbst den Grund zu dem Lamischen Kriege legte, den diese Schlacht endigte; von *Ol.* 104, 4. bis *Ol.* 114, 2. (38. Jahre.)

2. die Periode der Feldherren Alexanders und der späteren Macedonischen Könige; von der Schlacht bei Cranon bis zum Bündniss der Römer mit den Aetoliern und andern griechischen Staaten, weil sich hier die Römer zuerst auf eine bedeutende Weise in die Griechischen Angelegenheiten zu mischen unternahmen; von *Ol.* 114, 2. bis *Ol.* 142, 2. (?) (112. Jahre.)

3. die Periode der Römer; von diesem Bündniss bis zur Einnahme Athens durch Sylla, nachdem schon länger vorher Achaja zu einer Römischen Provinz erklärt worden war; von *Ol.* 142, 2. bis *Ol.* 173, 3. (125. Jahre.)

Der zweite Theil, welcher das Fortleben Griechenlands über die Gränzen seines politischen Daseyns heraus schildert, zerfällt in zwei Abschnitte: in die Darstellung des Einflusses der griechischen Cultur

1. auf die Römer,

2. auf die neueren Nationen.

Da diese Cultur mittelbar durch die Römer auf uns gekommen ist, so muss der erste dieser beiden Abschnitte sorgfältig und von den frühesten Zeiten an untersuchen, was in Geist und Charakter, Sprache, Wissenschaft und Kunst der Römer aus Griechenland herstammte, und was ihnen selbst eigenthümlich war, damit man die beiden Elemente des classischen Alterthums (insofern man nemlich der Aegyptischen und Etruscischen Kunst, zu deren Erwähnung sich jedoch gleichfalls Veranlassung finden wird, als minder wichtiger Nebenzweige, hier nicht ausdrücklich gedenkt) in ihrer Eigenthümlichkeit und ihren gegenseitigen Beziehungen kennen lerne. Denn der zweite Abschnitt wird an dem Beispiel der neuern Nationen zeigen, dass es zum Verständniss und zum Benutzen des Alterthums ausnehmend wichtig ist, ob man im Studium desselben mehr von den Römern, oder von den Griechen ausgehe, so wie bei diesen, ob man von den Attischen Schriftstellern zu den Ionischen, oder von diesen zu jenen gelange. In diesem zweiten Abschnitte wird jedoch vorzugsweise nur von Deutschland die Rede seyn, und auf beide Theile werden, als Resultate des ganzen Werks, Schlussbetrachtungen folgen — Blicke auf den Gang der menschlichen Cultur überhaupt, auf ihre vermuthliche fernere Entwicklung, Winke zur zweckmässigsten Mitwirkung dazu, Maximen zur Beurtheilung und Bildung von Individuen und Nationen. Alles dies letztere kann indess nur fragmentarisch, in wenigen kurzen Hauptsätzen, und nur insofern ausgeführt werden, als es sich aus dem eigentlichen Gegenstande der Arbeit herleiten lässt. Denn es ist keinesweges die Absicht, diesen als Belag zu einem ihm fremden Raisonnement zu gebrauchen, sondern nur die, den in ihm liegenden Reichthum an Folgerungen möglichst gut zu benutzen.

Um aber den hier in seinen äussersten Umrissen vorgezeichneten Plan auszuführen, muss man auf gewisse Thatsachen und Ueberzeugungen, wie auf Grundlagen, fussen können. Zuerst ist es nothwendig, zu der Lesung dieses Werks einen bestimmten Begriff von dem Charakter und der Lage der griechischen Völkerschaften mitzubringen; dann über gewisse Grundsätze von demjenigen, was Nationen ursprünglich seyn und später werden können, über die Mittel, durch deren Gebrauch sie sich von ihrem Ziele entfernen, oder ihm nähern, und über den Werth der Masse von Cultur, die sie stufenweis erwerben, einverstanden zu seyn. Denn moralische Erscheinungen, wie der Charakter, das Wachsthum und der Verfall der Nationen, lassen sich nicht bloss einfach erzählen, sondern müssen zugleich aus allgemeinen Gründen erklärt werden; und erlauben verschiedene Ansichten, von welchen die im Vortrag gewählte eben so wohl raisonnirender, als geschichtlicher Rechtfertigung bedarf.

Ich werde daher damit anfangen, eine Darstellung des griechischen Charakters, mit Berührung der Umstände, welche ihn bildeten, und mit Hinsicht sowohl auf die andern Völkerschaften des Alterthums, als auf die Beschaffenheit und die Entstehungsart des Charakters der Nationen überhaupt und die Mittel ihrer Kenntniss, Beurtheilung und Bildung, dem Ganzen voranzuschicken. Ich werde hierbei noch besonders bemüht seyn, das erst allgemein gezeichnete Bild nachher nach den Verschiedenheiten der Zeiten und der einzelnen griechischen Stämme abzustufen. Von da aus werde ich mir alsdann durch eine Schilderung des politischen und sittlichen Zustandes Griechenlands unmittelbar vor der Thronbesteigung Philipps zu der geschichtlichen Darstellung selbst den Weg bahnen; und diese beiden Gegenstände in einer und derselben Einleitung umfassen, zu der ich jetzt übergehe.

EINLEITUNG

1. KAPITEL

Von dem griechischen Charakter überhaupt,
und der idealischen Ansicht desselben insbesondre

Die neuere Zeit befindet sich in Hinsicht auf die alte in einer Lage, welche dieser durchaus fremd war. Wir haben in den Griechen eine Nation vor uns, unter deren glücklichen Händen alles, was, unserm innigsten Gefühl nach, das höchste und reichste Menschendaseyn bewahrt, schon zu letzter Vollendung gereift war; wir sehen auf sie, wie auf einen aus edlerem und reinerem Stoffe geformten Menschenstamm, auf die Jahrhunderte ihrer Blüthe, wie auf eine Zeit zurück, in welcher die noch frischer aus der Werkstatt der Schöpfungskräfte hervorgegangene Natur die Verwandtschaft mit ihnen noch unvermischter erhalten hatte; da sie, kaum rückwärts noch vorwärts schauend, alles neu pflanzten, neu gründeten, und nur in schlichter Einfachheit sich selbst überlassenen Bestrebungen nachgehend, die natürliche Sehnsucht ihres Busens aushauchend, Vorbilder ewiger Schönheit und Grösse aufstellten.

Es ist daher mit dem Studium der Griechischen Geschichte für uns nicht, wie mit dem der Geschichte anderer Völker. Die Griechen treten gänzlich aus dem Kreise derselben heraus; wenn ihre Schicksale gleich zu der allgemeinen Verkettung der Begebenheiten gehören, so liegt hierin nur ihre geringste Wichtigkeit in Rücksicht auf uns; und wir verkennen durchaus unser Verhältniss zu ihnen, wenn wir den Massstab der übrigen Weltgeschichte auf sie anzuwenden wagen. Ihre Kenntniss ist uns nicht bloss angenehm, nützlich und nothwendig, nur in ihr finden wir das Ideal dessen, was wir selbst seyn und hervorbringen möchten; wenn jeder andre Theil der Geschichte uns mit menschlicher Klugheit und menschlicher Erfahrung bereichert, so schöpfen wir aus der Betrachtung der Griechen etwas mehr als Irrdisches, ja beinah Göttliches.

Denn welchen andern Namen soll man einer Erhabenheit geben, deren Unerreichbarkeit, statt muthlos zu machen, aufrichtet und zur Nacheiferung anspornt? Wenn wir unsere beschränkte, engherzige, durch tausend Fesseln der Willkühr und der Gewohnheit gedrückte, durch zahllose kleinliche, nirgends tief ins Leben eingreifende Beschäftigungen zersplitterte Lage mit ihrer freien, rein nach dem Höchsten in der Menschheit strebenden Thätigkeit, unsere mühvoll durch wiederholte Versuche langsam reifenden Werke mit ihren, die dem Geist, wie aus freier Fülle, entströmten, unser dumpfes Hinbrüten in klösterlicher Einsamkeit, oder gedankenloses Umtreiben in lose verknüpfter Geselligkeit mit dem heiteren Frohsinn ihrer, durch jede heiligste Bande befestigten Bürgergemeinschaft vergleichen; so müsste, sollte man denken, das Andenken an sie uns traurig und niedergeschlagen machen, wie den Gefangnen die Erinnerung an ungehemmten Lebensgenuss, den Kranken das Andenken an ungeschwächte Gesundheit, den Bewohner des Nordens das Bild eines Italienischen Frühlingstags.

Gerade im Gegentheil aber ist es nur das Versetzen in jene Zeiten des Alterthums, das unser Herz erhebend und unsern Geist erweiternd uns so sehr in unsre ursprüngliche, minder verlorne, als nie besessene, Menschenfreiheit herstellt, dass wir auch zu unserer so entgegengesetzten Lage mit frischem Muthe und erneuerter Stärke zurückkehren, dass wir nur an jener nie versiegenden Quelle die wahre Begeisterung schöpfen, und gerade die tiefe Wahrnehmung der Kluft, welche das Schicksal auf ewig zwischen sie und uns gelegt hat, uns anfeuert, uns auf unserem Standpunkt mit durch ihre Betrachtung neubeflügelten Kräften zu der uns gegebenen Höhe emporzuheben. Wir ahmen ihren Mustern nach mit dem Bewusstseyn ihrer Unerreichbarkeit; wir erfüllen unsere Phantasie mit den Bildern ihres freien, reichbegabten Lebens mit dem Gefühle, dass es uns eben so versagt ist, als es ihnen das leichte Daseyn der Bewohner ihres Olymps war.

Denn dies kann wohl für ein passendes Gleichniss unsres Verhältnisses zu ihnen gelten. Ihre Götter trugen, wie sie, menschliche Gestalt, und waren aus menschlichem Stoffe gebildet; dieselben Leidenschaften, Lust und Schmerz, bewegten ihre Brust; auch die Mühe und das Ungemach des Lebens waren ihnen nicht fremd; Hass und Verfolgung regte sich heftig in den Hallen der Götterwohnung; Mars lag verscheidend unter erschlagenen Kriegern; Hermes wanderte mit Mühe über die einsame Wüste des Meeres; Latona empfand alle Bedrängnisse der werdenden, Ceres alle Angst der verwaisten Mutter. Nicht anders finden wir auch in Hellas alle Unebenheiten des Lebens; nicht bloss die Drangsale, die Einzelne und Nationen befallen, auch alle gewaltsamsten Leidenschaften, Ausschweifungen und selbst Rohheiten ungezügelter Menschennatur; aber wie alle jene dunkleren Farben der einzige Glanz des wolkenlosen Olymps verschmelzte und auflöste, so ist auch in den Griechen etwas, das das Gemüth nie eigentlich sinken lässt, das die Härten des Irrdischen wegwischt, das Ueberschäumen der Kraft in üppiges Spiel verwandelt, und den ehernen Druck des Schicksals zu sanftem Ernste mildert.

Dies Etwas ist gerade das Idealische in ihrer Natur, und die ganze merkwürdige Erscheinung, der Eindruck, den, auch bei der kältesten und partheilosesten Prüfung, Werke und Betrachtung keines anderen Volks auf uns machen, kommt daher, dass die Griechen in der That den Punkt in uns berühren, welcher das letzte Ziel aller unsrer Bestrebungen ist, und dass wir lebhaft empfinden, dass sie die Höhe auf ihre Weise erreicht, das Loos, in dem sie, am Ziel der Laufbahn, zu ruhen vermögen, errungen haben. Aber ihre Grösse ist so rein, wahr, und ächt entsprungen aus der Natur und der Menschheit, dass sie uns nicht, zwingend, auf ihre, sondern begeisternd, auf unsre Weise anregt, uns anzieht, indem sie unsre Selbstständigkeit erhöht, und uns mit sich verknüpft nur in der Idee letzter Vollkommenheit, von der sie ein unläugbares Vorbild, nach der aber auch uns, wenn gleich auf andern Wegen zu streben erlaubt ist.

Es gehört vielleicht eine innigere Vertrautheit mit den Werken der Alten dazu, um die Behauptung der Unerreichbarkeit ihrer Vorzüge nicht für partheiische Uebertreibung zu halten. Was jedoch schon ein günstiges Vorurtheil für dieselbe erregt, ist dass es schlechterdings nicht gerade auf Gelehrsamkeit oder Studium ankommt, um an den Werken der Alten Geschmack zu finden; sondern dieselben den tiefsten Eindruck vielmehr in den unbefangensten, noch keiner eigenthümlichen Denkart oder Kunstmanier fröhnenden Gemüthern zurücklassen. Es ist ferner bemerkenswerth, dass sie bei jeder Nation, jedem Alter, jeder Lage des Gemüths Eingang finden, da das Moderne, so wie es aus einer minder allgemeinen und objectiven Stimmung entspringt, ebenso auch eine mehr eigenthümliche und subjective verlangt. Shakespeare, Dante und Cervantes werden nie eine so allgemein verbreitete Wirkung hervorbringen, als Homer, Aeschylus oder Aristophanes.

Das Moderne, in irgend einer Gattung, sobald nicht von bloss positiver Kenntniss und mechanischer Geschicklichkeit die Rede ist, mit dem Antiken zu vergleichen, beweist eine eben so unrichtige Ansicht des Alterthums, als es unrichtige Ansicht der Kunst anzeigt, wenn je ein bestimmter Gegenstand der Wirklichkeit der Schönheit eines Kunstwerks an die Seite gesetzt wird. Denn wie Kunst und Wirklichkeit, so liegen das Alterthum und die neuere Zeit in zwei verschiedenen Sphären, die sich in der Erscheinung nirgends, in Wahrheit aber allein da berühren, wohin nur die Idee, nie die Anschauung reicht, in der Urkraft der Natur und der Menschheit, von der jene beiden verschiedene Bilder, diese beiden verschiedene Bemühungen sind, sich im Daseyn Geltung zu verschaffen.

Die Wirklichkeit ist gewiss um nichts unedler, als die Kunst; sie, die Wahrheit und die Natur selbst, ist ja vielmehr das Muster derselben, und ihr Wesen ist gerade so gross und erhaben, dass, um uns demselben nur einigermassen zu nähern, uns nichts übrigbleibt, als, wie es die Kunst thut, einen uns selbst unbegreiflichen Weg einzuschlagen. Von diesem ihrem Wesen ist der kleinste Gegenstand in derselben durchdrungen, und es durchaus unrichtig, dass die Natur in ihrer Vollständigkeit nur in allen einzelnen Gegenständen zusammengenommen, die Totalität der Lebenskraft nur in der Summe der einzelnen Momente ihres Daseyns angetroffen werde. Erscheinen mögen sie allerdings beide auf diese Weise, allein an sich kann man sich weder die eine dem Raum, noch die andre der Zeit nach getrennt und zertheilt denken. Alles im Universum ist Eins und Eins Alles, oder es giebt überhaupt keine Einheit in demselben; die Kraft, welche in der Pflanze pulsirt, ist nicht bloss ein Theil, sondern die ganze Kraft der Natur, oder es öfnet sich eine unüberspringbare Kluft zwischen ihr und der übrigen Welt, und die Harmonie der organischen Formen ist unwiederbringlich zerstört; jeder gegenwärtige Augenblick fasst alle vergangenen und zukünftigen in sich, da es nichts giebt, woran die Flüchtigkeit des Vergangenen haften kann, als die Fortdauer des Lebendigen.

Aber die Wirklichkeit ist nicht das Gefäss, in welchem ihr Wesen uns überliefert werden kann; oder vielmehr ihr Wesen offenbart sich in ihr nur in seiner ursprünglichen Wahrheit, und ist in dieser unzugänglich für uns. Da wir daher das Daseyn der wirklichen Gegenstände nicht durch ihr inneres Leben begreifen, so suchen wir es durch den Einfluss äusserer Kräfte zu erklären, und daher geschieht es, dass wir zugleich ihre Vollständigkeit und ihre Unabhängigkeit verkennen, und statt ihre organische Form durch innere Fülle bestimmt zu glauben, sie durch äussere Gränzen beschränkt halten — Irrthümer, die bei der Kunst darum hinwegfallen, weil sie uns das Wesen der Natur nicht an sich, sondern auf eine unsern Organen fassliche, für sie harmonisch vorbereitete Weise darstellt.

Zwar ist unser Leben nicht so karg von dem Schicksal begabt, dass es nicht auch mitten in demselben, und gänzlich ausser dem Gebiete der Kunst etwas geben sollte, wodurch man dem Wesen der Natur näher zu treten vermag, und dies Etwas ist die Leidenschaft. Denn keinesweges sollte man diesen Namen an die untergeordneten Affecte verschwenden, mit welchen man gewöhnlicherweise liebt und hasst, strebt und verabscheut; tiefe und reiche Gemüther kennen ein Begehren, für das der Name des Enthusiasmus zu kalt und der der Sehnsucht zu ruhig und milde ist, und bei welchem der Mensch doch in vollkommener Harmonie mit der ganzen Natur bleibt, in dem Trieb und Idee auf eine auf dem kalten und prosaischen Wege unbegreifliche Weise in einander verschmolzen sind, und welches dadurch die schönsten Geburten hervorbringt. In diesen Stimmungen wird die in der Wirklichkeit erscheinende Idee in der That richtiger erkannt, und man kann mit Wahrheit sagen, dass Freundschaft und Liebe in hoher und reiner Begeisterung ihren Gegenstand mit tieferen und gleichsam heiligeren Blicken, als die Kunst, betrachten. Aber so ist das Schicksal der Wirklichkeit, dass sie, bald zu tief, bald zu hoch gestellt, nie das volle und schöne Gleichgewicht zwischen der Erscheinungsalt des Gegenstandes und dem Auffassungsvermögen des Beobachters erlaubt, aus dem der begeisterte und fruchtbare, und doch immer stille und ruhige Genuss der Kunst hervorgeht. Nicht daher die Schuld der Natur, sondern unsre eigene ist es, wenn sie dem Kunstwerke nachzustehen scheint, und wenn daher Achtung der Kunst Zeichen eines sich hebenden Zeitalters ist, so ist Achtung der Wirklichkeit Merkmal eines noch höher gestiegenen.

Jenes volle und schöne Gleichgewicht treffen wir nun eben so nur im Antiken, nie im Modernen, an. In der Sinnes- und Wirkungsart der Alten scheint die reine und ursprüngliche Naturkraft der Menschheit so glücklich alle Hüllen zersprengt zu haben, dass sie sich, in Klarheit und Einfachheit, dem Auge, leicht überschaubar, wie eine halb erschlossene Blüthe, darstellt. Nicht mühvoll den Weg, den sie wählen will, ausspähend, nicht ängstlich besorgt um das, was sie etwa zurücklässt, giebt sie sich dem unbeschränkten Sehnen nach ungemessener Lebensfülle, sicher vertrauend, hin, und prägt sie in tausend, immer gleich glückliche Bilder aus; da wo die Neueren nur forschen, suchen, ringen und kämpfen, oft den blutigen Schweiss, selten die frohe Leichtigkeit des Sieges kennen, sich abmühen in einsam zerstreutem und vereinzeltem Daseyn, und sich nie der wohlthätigen Schwungkraft erfreuen, mit welcher ein gleichgestimmtes Volk, auf einem, mit Denkmälern seines Ruhmes und seiner Kunst übersäeten Boden, unter einem, ihm heiter zulächlenden Himmel, jeden seiner Mitbürger emporhebt.

Gerade dieselben Merkzeichen, welche, vor der Betrachtung, die Wirklichkeit — in ihrem einzelnen, beschränkten Erscheinen — von der Kunst unterscheiden, finden sich daher auch am Antiken und Modernen wieder. Wie die Kunst, ist alles Antike immer reiner und voller Ausdruck von etwas Geistigem, und führt auf Ideeneinheit; ladet ein, sich in jeden seiner Theile immer tiefer zu versenken, fesselt durch freiwilligen Zauber den Geist in bestimmte Gränzen, und erweitert sie zur Unendlichkeit. Das Neuere hingegen deutet, wie die Wirklichkeit, das Geistige mehr nur an, als es dasselbe wirklich und unmittelbar darstellt, kennt oft keine andere Einheit, als zu der sich das Gefühl, nur von ihr aus, und auf Veranlassung ihrer, selbst sammelt, und übt seine beste und höchste Wirkung oft nur dadurch, dass es über sich selbst und aus seinen Gränzen hinausführt; ja wenn es auch, von demselben Sinn, wie das Alte, durchdrungen, ihm auch in seinen Wirkungen nah bleibt, so fehlt ihm doch, wie die Beleuchtung an einem wolkigen Tage der Landschaft, jener durch seine eigenen Strahlen alles erst fest zusammenfassende, erst innig verschmelzende Glanz.

Denn der Mensch mag sinnen und wählen und mühen, wie er auch wolle, so dankt er das Zarteste, wie das Höchste in seinen Werken, dasjenige, das der Hand entströmt, ohne dass der Bildner es weiss, und in den Sinn übergeht, ohne dass der Betrachter davon Rechenschaft zu geben vermag, doch nur der glücklichen Anlage seiner Natur und der günstigen Stimmung des Augenblicks; und er mag ausgerüstet seyn mit Genie und Thatkraft, wie es die Gränzen der menschlichen Natur nur verstatten, so ist doch dasjenige was am meisten an ihm hervorstrahlt, nur das, was nicht unmittelbar Er ist, die Kraft des Geschlechts, das ihn zeugte, der Boden, der ihn trägt, die Nation, deren Sprache ihn umtönt. Der Mensch gehört der Natur an, und ist nicht bestimmt, allein und vereinzelt da zu stehen; das Wort seines Mundes ist Element oder Nachklang des Schalls der Natur; das Bild, das er hinwirft, Umriss des Stempels, in den auch sie ihre Gestalten goss, sein Wollen unmittelbarer Anstoss ihrer Schöpfungskraft. Seine Selbstständigkeit wird darum nicht geringer; denn in der Totalität der Wirklichkeit ist die Kraft der Natur seine eigene, und in der Erscheinung ist ihm Alles, Nation, Boden, Himmel, Umgebung, Vorwelt und Mitwelt, verschlossen, sprachlos und todt, wenn er es nicht durch eigene, innere Kraft zu öfnen, zu vernehmen, zu beleben versteht. Darum ist es das sicherste Merkmal des Genies in jeder Kraftäusserung, und am meisten in der verwickeltesten, im Leben, überall, durch Bewunderung oder Verachtung, Liebe oder Hass, das Begeisternde, Mahnende, Treibende herauszuheben, und, wo die Wirklichkeit nichts gewährt, eine neue und schönere Welt aus der Vergangenheit um sich her zu rufen — Hülfs-mittel, zu welchen die Neueren sich oft gezwungen fühlen, indess die Alten alles, dessen sie bedurften, in der nächsten Umgebung, und diese ihrem innersten Begehren durchaus entsprechend antrafen.

Immerhin also könnte ein neuerer Künstler, um gleich des Gebietes zu erwähnen, auf welchem es am schwierigsten ist, gegen das Alterthum anzuringen, an Vortreflichkeit mit den Werken des Alterthums wetteifern. Das Genie kann noch jetzt, wie ehemals, erstehn, das Studium hat seitdem manchen mühevollen Weg zurückgelegt, und die Kunst, dadurch und durch Erfahrung bereichert, vielfache Fortschritte gemacht. Allein was nimmer zu erreichen steht, was das Antike und Moderne durch eine unüberspringbare Kluft von einander trennt, ist der Hauch des Alterthums, der das geringste Bruchstück, wie das vollendetste Meisterwerk, mit unnachahmlichem Zauber bedeckt. Dieser gehört nicht dem einzelnen Bildner, nicht dem Studium, nicht einmal der Kunst selbst an; er ist der Abglanz, die Blüthe der Nation und des Zeitalters, und da sie nicht wiederkehren, auch unwiederbringlich mit ihnen verloren. Denn es ist ein wehmüthiges, aber auch edles Vorrecht des Lebendigen, dass es sich niemals auf gleiche Weise wiedererzeugt, und das Vergangne in ihm auch auf ewig vergangen ist.

Hierin nun zwar, dass aus dem Werke mehr spricht, als der Gegenstand, den es unmittelbar darstellt, kommt alles, was irgend einen Grad der Eigenthümlichkeit besitzt, mit einander überein. Aber was das Alterthum in diesem Punkt unterscheidet, ist zweierlei: einmal, dass in der augenblicklichen Stimmung und dem Charakter des Künstlers, und in diesem und seinen Umgebungen, seiner Zeit und seiner Nation, eine wundervolle und zauberische Uebereinstimmung herrscht, und zweitens, dass alle diese Dinge wiederum so Eins sind mit der auszusprechenden Idee, dass sie sich nicht, als Persönlichkeit ihr in dem Werke gegenüberstellen, sondern sich mit ihr zu höherer Wirkung in demselben vereinigen, es objectiver machen durch subjective Kraft. Beides könnte nicht der Fall seyn, wenn die Menschheit, die aus dem Alterthum spricht, nicht reinerer, lauterer, oder wenigstens leichter erkennbarer Abdruck der Ideen wäre, nach denen jede ächt menschliche Brust sich sehnt, oder wenn diese Ideen sie nicht lebendiger durchglühten, als man je sonst zu ahnden berechtigt ist. Jener Hauch des Alterthums ist also Hauch einer hellen von Göttlichkeit — denn was, wenn nicht die Idee, ist göttlich? — durchstralten Menschheit, und eine solche ist es, die aus den Kunstwerken, Dichtungen, Bürgerverfassungen, Schlachten, Opfern und Festen der Alten gegen unsre Dumpfheit und Engherzigkeit, aber auch zugleich für das, was Menschen seyn, und wonach wir auf anders vorgezeichneter Bahn ringen können, laut und lebendig zeugt. Denn es wäre unglücklich, wenn sich der Vorzug des Alterthums nur in todten Marmorgebilden, und nicht auch, gleich erhebend und begeisternd, in Sitten, Gesinnungen und Thaten ankündete.

Also noch Einmal: nichts Modernes ist mit etwas Antikem vergleichbar;

mit Göttern
soll sich nicht messen
irgend ein Mensch;

und was das Alterthum unterscheidet, ist nicht bloss Eigenthümlichkeit, sondern allgemein geltender, Anerkennung erzwingender Vorzug; es war eine einzige, aber glückliche Erscheinung in der Bildungsgeschichte der Menschheit, dass den Zeitaltern, die durch Mühe reifen sollten, ein Geschlecht vorausging, das, mühelos und gleichsam in der schönsten Blüthe, dem Boden entwuchs. Auf welchem Wege dies begreiflich scheinen muss, zeigt schon das bis jetzt Entwickelte an, allein die ganze Ansicht, besonders in ihren einzelnen Anwendungen, kann erst durch die Vollendung des gegenwärtigen Werkes gerechtfertigt werden. Indess werde hier, und für jetzt, auch ohne weitere Ausführung, ein Satz aufgestellt, der für den, welcher ihn als wahr annimmt, schon nicht wenig beweisen wird. Der Prüfstein der neueren Nationen ist ihr Gefühl des Alterthums, und je mehr sie in diesem Griechen und Römer gleich, oder gar in umgekehltem Verhältnisse schätzen, desto mehr verfehlen sie auch ihr eigenthümliches, ihnen besonders gestecktes Ziel. Denn insofern antik idealisch heisst, nehmen die Römer nur in dem Masse daran Theil, als es unmöglich ist, sie von den Griechen zu sondern.

Nichts würde so zweckwidrig seyn, als eine historische Arbeit von einer Ansicht zu beginnen, die mehr aus vielleicht verzeihlichem, aber immer übel verstandenem Enthusiasmus, als aus ruhiger Betrachtung entspränge. Diese Bemerkung konnten wir hier nicht übergehen, da hier gerade am meisten die Einwendung zu besorgen steht, dass das so eben von den Griechen Behauptete übertrieben und partheiisch sey.

Und gewiss wäre es beides, wenn unsre Meynung dahin ginge, die Alten in der That für ein höheres, edleres Menschengeschlecht, als uns, für ein solches gelten zu lassen, als Einige, mehr bemüht, die Weltgeschichte zu erklären, als zu erforschen, in den ersten Bewohnern unsres Erdballs anzunehmen für nöthig gefunden haben. Nicht sie selbst waren gleichsam überirdische Wesen, nur ihr Zeitalter war so glücklich, dass es jede schönere Eigenthümlichkeit, die sie besassen, voll und bestimmt aussprach; nicht in dem, was die Menschheit an sich, einzeln und zerstreut, und nach und nach, und vor dem Gedanken werden kann, stehen sie als unerreichte Muster da, sondern nur in dem, wie sie sich zeigen kann als lebendige und individuelle Erscheinung.

Denn wenn wir kurz zusammenfassen sollen, welcher eigenthümliche Vorzug, unsrer Meynung nach, die Griechen vor allen andern Nationen auszeichnet, so ist es der, *dass sie, wie von einem herrschenden Triebe, von dem Drange beseelt schienen, das höchste Leben, als Nation, darzustellen, und diese Aufgabe auf der schmalen Grenzlinie auffassten, unter welcher die Lösung minder gelungen, und über welcher sie minder möglich gewesen seyn würde.* Ausser der sinnlichen Lebendigkeit aller Kräfte und Begierden, ausser dem schönen Hange, das Irrdische immer mit dem Göttlichen zu vermählen, hatte ihr Charakter also auch noch in seiner Form das Eigenthümliche, dass nichts in ihm lag, das sich nicht rein und glücklich aussprach, und alles, was sich äusserlich in ihm darstellte, seinen inneren Gehalt mit klaren und bestimmten Umrissen umschrieb.

Wir bleiben einen Augenblick bei diesem Letzteren stehen. Dadurch, dass das charakteristische Merkmal der Griechen noch mehr in der Darstellung dessen, was sie waren, als in diesem selbst, oder doch nur dadurch in ihm liegt, verdienen sie schlechtweg das Ideal zu heissen, weil auch der Begriff des Ideals es nothwendig mit sich bringt, dass sich die Idee der Möglichkeit ihres Erscheinens unterwerfe; und ebendadurch ist der vorherrschende Zug in ihrem Geist, ja der, welchen man immer wählen würde, wenn man nur einen einzigen anzuführen hätte, Achtung und Freude an Ebenmass und Gleichgewicht, auch das

Edelste und Erhabenste nur da aufnehmen zu wollen, wo es mit einem Ganzen zusammenstimmt. Das Misverhält-niss zwischen innerem und äusserem Daseyn, das die Neueren so oft quält, indem es auf der andern Seite eine fruchtbare Quelle erschütternder oder hinreissender Gefühle für sie wird, war den Griechen schlechterdings fremd; sie kannten nicht das Umtreiben in Gedanken und Empfindungen, hinter denen jeder Ausdruck zurückbleibt, und was sich nicht freiwillig und natürlich in das zwiefache Reich des Lebens und der Dichtung stellte, gehörte nicht in ihren reinen, sonnigen Horizont. Die Nemesis war eine ächt griechische Gottheit, und obgleich ihr ursprünglicher Begriff allen Zeiten und Nationen gemeinschaftlich ist, so wurde er nirgends so zart, vielfach und dichterisch ausgearbeitet, als in Hellas. Dieser Widerwille gegen das Unverhältnissmässige entsprang aber bei den Griechen nicht eigentlich aus einem oft nur von Schwäche und Verweichlichung zeugenden Abscheu vor dem übermässig Hervorragenden, oder dem sich von der gewöhnlichen Natur Entfernenden, sondern unmittelbar aus dem Bedürfniss, überall auf das höchste Leben zu dringen, das nur aus der Uebereinstimmung quillt, die nichts ausschliesst, und aus dem tiefen Gefühl der Natur, die durchgängiger Organismus ist. So stützten sie die beiden Elemente jedes wahrhaft guten Geschmacks gegenseitig eins auf das andre, da der Geschmack immer einseitig und verderblich bleibt, wenn ihn das Uebermass und die Kraft, absolut und für sich allein genommen, zurückstösst oder anzieht.

Ein Individuum ist eine in der Wirklichkeit dargestellte Idee; die physische Lebenskraft ein in jedem Moment erneuertes Streben, der Idee des Organismus, die moralische dasselbe Bestreben der des eigenthümlichen geistigen Charakters in der Wirklichkeit Geltung zu verschaffen. Insofern daher das Leben als eine fortwährende Schöpfung und der Charakter als das Resultat derselben erscheint, kann und muss sogar jenes wie eine Kunst und dieser wie ein Kunstwerk betrachtet werden. Wie es nun dem Kunstgenie angehört, die zwiefachen Bedingungen der Idee und der Erscheinung, denen zugleich jedes Kunstwerk unterworfen ist, so harmonisch aufzufassen, und zu steigern (da das Schöne nie durch Nachlassen an welcher Forderung es auch sey, hervorgebracht wird), dass die einen nur für die andern geschaffen scheinen; wie dasselbe den untheilbaren Punkt auffindet, in welchem sich, nach gewaltigem Ringen, das Unsichtbare mit dem Sichtbaren zur Darstellung vermählt; ebenso thut dies auch das Genie im Leben, und am meisten das höchste aller Genies, das eines ganzen lebendig zusammenwirkenden Volks.

Was also die Griechen wirklich, sey es durch Verdienst oder Zufall, vor uns voraus hatten, und worin wir nie nur mit ihnen zu wetteifern unternehmen dürfen, war dieser gleichsam angebohrene Sinn für die hellste, bestimmteste und reichste Offenbarung der höchsten Summe menschlichen Lebens in ihrem individuellen und nationellen Charakter.

Dass sie aber dies Höchste fanden, dankten sie der einfachen Anlage ihrer Natur; dass ihnen in der schwersten aller Künste, dem Leben, gelang, was selbst in den untergeordneten bloss das Werk des Genies ist, nur dem natürlichen Triebe, dem sie sich frei und ohne Rückhalt hingaben.

Alle Individualität beruht, oder vielmehr spricht sich aus in einem Triebe, und ist Eins mit dem ihr eigenthümlichen. Von den untersten bis zu den höchsten Classen des Lebens hinauf erkennen wir in seinem Ganzen und in dem Begriff seiner Natur jedes Geschöpf weniger an seiner Art des Seyns, als an seinem Streben, in welchem sich erst alle seine vergangenen, gegenwärtigen und zukünftigen Zustände in eine Einheit zusammenknüpfen. Wie das Leben weder stillstehend, noch durch eine äussere Ursach bewegt gedacht werden kann, so besteht das ganze Universum nur durch den Trieb, so lebt und ist nichts, als insofern es zu leben und zu seyn ringt, und der Mensch wäre schlechterdings Herr und Meister seines Daseyns und seiner Fortdauer, wenn er durch ein Machtgebot seines Willens seinen Lebenstrieb zu vernichten vermöchte. Der Trieb ist natürlich selbst bestimmt, und bestimmt wiederum die Form des Lebens. Aller Unterschied unter dem Lebendigen, zwischen Pflanzen und Thieren, zwischen den mannigfaltigen Geschlechtern dieser letzteren, und unter den Menschen zwischen Nationen und Individuen beruht also allein auf der Verschiedenheit des Lebenstriebes und seiner Möglichkeit, sich durch den Widerstand, den er findet, durchzuarbeiten.

Bei den Griechen ging dieser Trieb gerade darauf hin, rein und voll Menschen zu seyn, und des Menschendaseyns in Heiterkeit und Freude zu geniessen. Wie der Mensch, nur dadurch dass er fest auf der Erde wurzelt, sich zum Himmel zu erheben vermag, so ist eigentlich keine, noch so erhabene Eigenschaft in ihm etwas anders, als Frucht eines durch Einimpfung göttlicher Ideen veredelten Naturinstincts. Nun hatte auch der rohe und ganz ungebildete Grieche unläugbar zwei Eigenschaften, die, wie gefährlich sie in vieler Rücksicht seyn mögen, doch gewiss die Entwicklung der Menschheit befördern: Liebe zur Unabhängigkeit und Scheu vor jenem bald finstren, bald trocknen und langweiligen Ernst, der mehr an den Geschäften, als den Genüssen des Lebens hängt. Die erstere erwuchs zwar späterhin zu der edelsten Bürgerfreiheit, aber an sich war sie dennoch mehr Abneigung gegen jeden Zwang überhaupt, als tiefer Widerwille des Gemüths gegen den ungerechten allein. Sie erklärte sich daher, und nur zu oft, auch gegen die Nöthigung des selbst gegebnen Gesetzes, und führte mehr zu willkührlicher Wahl selbstgefälliger Lebensart und Beschäftigung, als sie zu einer, wie das Beispiel der Römer zeigt, mehr, als jede andre vereinzelnden und einseitig bildenden politischen Leidenschaft ward. Aber sie entfernte Kasten- Priester- und Sittenzwang, der sonst den Geist so vieler alten Nationen erstickte, ebnete, bis zur Vernichtung, die Ungleichheiten der Stände, und brachte jeden Bürger mit allen in die mannigfaltigste und allgemeinste Berührung. Die andre der beiden angeführten Charakterseiten beruhte vorzüglich auf einer selten unterbrochnen Stimmung zur Fröhlichkeit, die, selbst noch roh, nur ein Eigenthum gutgearteter Gemüther ist, und auf einer glücklichen Gabe unglaublich leichter Reizbarkeit, die, bei der leisesten Berührung irgend eines Gegenstandes der Natur, gleich alle Saiten des Gemüths anklingen, und gleichsam in freien Phantasieen lange nachschwirren lässt. Der Grieche bedurfte nicht so wilder und erschütternder Unterhaltungen als der materiellere Römer, und gab es auch, und selbst schon früh, unter ihnen Gladiatorspiele und Stiergefechte, so wurden sie in keiner Zeit bedeutend. Er liess sich gern vorschwatzen, Mährchen und Geschichten erzählen, ja selbst vorphilosophiren; Oscische und Atellanische Spiele und Possenreisser waren kein Bedürfniss für ihn, und liebte er nicht den trocknen Ernst der Lebensgeschäfte, des Handels, Ackerbaus, der Gerichtshöfe, nach der ermüdenden Art, mit welcher die Römer die Rechtspflege übten, so scheute er keinesweges den tieferen der Wissenschaft und Kunst. Mit regsamem Sinn für alles begabt, war ihm endlich einseitige und vorurtheilvolle Schätzung der Dinge fremd, und schon bei Homer erinnert Paris den Hector sehr schön die Gaben keines und keiner der Himmlischen zu verschmähen. Die edelsten Vorzüge einer Nation zu erkennen, ist es manchmal nützlich, sie in ihrer Entartung entstellt zu sehen. Wie nun beschreiben uns die Römer, nicht, wollen wir hoffen, alle Griechen, unter denen die der Voraltern noch Würdigen sich wohl, wie noch jetzt der Ueberwundne, der sich zu ehren versteht, werden in ihren durch jene zerstörenden Weltbeherrscher zur Einöde gemachten Mauern verborgen gehalten haben, aber jene, die nur, als eine vornehmere, und da sie sich selbst jeden Tag aufs Neue verkauften, verächtlichere Art von Sklaven, in den Häusern ihrer Reichen umhergingen? Als müssige, neugierige, geschwätzige, unruhige und ewig veränderliche Prahler. Aber selbst in diesen mit Recht verachteten Fehlern ist noch immer ein Funken des alten Geistes sichtbar, noch Freiheit von der Nothdurft des Lebens, noch ein gewisses Hängen an dem, was nicht körperlich den Sinnen, sondern als Hauch gleichsam und Duft nur der Phantasie und dem Geiste schmeichelt, übrig, noch etwas das, wenn es auch der Seele nicht himmlische Flügel leiht, doch die Bürde des Körpers abwirft, über die in der schönsten Zeit Griechenlands Plato so häufige und beredte Klage führt. Der Müssiggang kann wieder zu jener edlen Musse, welche noch der ehrwürdigsten Arbeit bei uns den Namen giebt, die Neugier und Geschwätzigkeit zu Untersuchungsgeist, Beredsamkeit und Poesie, die Unstätigkeit zu schönem Auffassen alles auch noch so verschiedenen Grossen und Bewundernswürdigen in der Menschheit und der Natur zurückkehren. Auch in den schönsten Zeiten Griechenlands sind Ruhmbegierde und Liebe zur Geselligkeit so mit einander verschwistert, dass jene, statt weit auszuschweifen, und ihre Befriedigung in der Ferne zu suchen, sich auf diejenigen Gegenstände beschränkte, die unmittelbar im Kreise der Bürger und Volksgemeinschaft lagen, und augenblicklich auch ebenda die Frucht ihrer Arbeiten pflückte. Darum vorzüglich wurde der Sieg in den grossen Spielen so jedem andern Ruhme vorgezogen. Denn er ward im Angesichte der Panhellenen errungen, der Name des Kämpfers und seiner Stadt ertönte laut vor den Ohren der Freunde und Neider, und kehrte nun der Sieger in sein Vaterland zurück, so umstrahlte ihn ewig der Abglanz dieser Verherrlichung. Durch diese in geschäftefreierer Musse schöner genossne Geselligkeit erhielt auch die Liebe zum Vaterlande, und da alle Griechen wieder Ein gemeinsames Vaterland kannten, zu Griechischem Boden und Griechischem Himmel einen eignen Charakter. In den Kreis der Landesbewohner stiegen auch die vaterländischen Götter herab, und sie verliessen nicht, wie der unbeständige Mensch, ihre einmal festgegründeten Wohnsitze, die einheimischen Heroen nicht ihre Gräber. Ein Verbannter war also nicht bloss getrennt von den leblosen Gefilden seiner Heimath und den Erinnerungen seiner Kindheit und Jugend, sondern auch von den lieblichsten Freuden seines Lebens, den höchsten Gefühlen seiner Brust. Dadurch ward die bei den politischen Einrichtungen Griechenlands so häufige Verbannung eine der reichsten Quellen interessanter Empfindungen unter den Griechen, und wenn Pindar diese schildert, wenn er sagt: so drückt er nicht mehr als den höchsten Glücksbegriff jedes Griechen aus. Diese wenigen hier angeführten Züge sollen nur dem Einwurf begegnen, dass im Vorigen vielleicht zu viel und etwas zu Erhabnes von dem Griechischen Charakter behauptet sey, nur zeigen, dass derselbe ursprüngliche, selbst in seiner Entartung noch nicht ganz verwischte Anlagen besass, die, bei glücklicher Entwicklung, zu dem Höchsten und Schönsten emporwachsen konnten. Aber der Mensch kennt selten die Göttlichkeit seiner reinen und unverdorbnen Natur, und mistraut ihr, wo er sie sieht, wie einer fremden Gestalt, oder einem trügerischen Wahnbild. Die Griechen waren aber auch ausserdem so glücklich in sich gebildet, und so wohlthätig durch das Schicksal von aussen begünstigt, dass jener vorhinerwähnte Trieb, selten oder nie von seinem Ziel abirrend, sich auch vollkommen herrschend zu machen verstand. Was schien, nur Werk des Genies seyn zu können, war demnach mehr Werk der Natur, wie sich überhaupt immer im Menschen das am feinsten Ausgebildete unmittelbar an das Ursprüngliche anschliesst, das darin nur gleichsam in eine andre Klarheit des Bewusstseyns gesetzt wird; und wie auch im gesellschaftlichen Leben die edelsten und zartesten Individuen nur mit den niedrigsten, noch in natürlicher Schlichtheit lebenden Volksclassen in unmittelbarer Berührung des Sinnes und der Empfindung stehn, und nur die in der unseligen Mitte Schwebenden, bald ohne Gestalt, bald in verzerrter, beides der ächten Natur und der ächten Verfeinerung gleich fremd sind.

Dem allem ungeachtet wird niemand leicht den Trieb, von dem hier die Rede ist, mit instinctartigem Naturzwang, oder untergeordneten Begierden verwechslen oder verkennen, dass es hier nur darauf ankam zu zeigen, dass, da einmal himmlischer und irrdischer Stoff im Menschen gepaart sind, es ungerecht ist, beide einseitig zu scheiden. Nichts des Menschen Würdiges kann in ihm, ohne Freiheit, d. h. ohne Acte, die einzig der Persönlichkeit angehören, emporkommen, also am wenigsten das, worauf seine ganze Individualität d. h. seine Persönlichkeit selbst beruht. Allein auf der andern Seite kann auch das Princip des Lebens nicht anders als thätig, und so wie das in uns Gesetzgebende und Herrschende der Idee entspricht, der Empfindung, als dem ersten Anstoss zu allem Handlen, entsprechend seyn; es kann ferner nicht durch eine gleichsam willkührliche Bestimmung des Willens gesetzt werden, da es vielmehr allem ausdrücklichen Wollen vorhergeht.

Ist man nur einmal sicher den Grundtrieb der Individualität (der als etwas Unendliches sich nie rein und ganz in der Erscheinung offenbaren kann) nicht mit demjenigen zu vermischen, was man natürliche, auch wohl ursprüngliche Anlagen eines Charakters nennt, so heisst das Ebengesagte mit andern Worten nur soviel, dass dieser Grundtrieb, das Lebensprincip der Individualität, zugleich Freiheit und Nothwendigkeit, und beide, dem Grade und der Beschaffenheit nach, sich in ihm gegenseitig fordernd und bestimmend besitzen, d. h. dass er in dem Gebiete liegen muss, in welchem Freiheit und Nothwendigkeit in einer dritten höheren Idee untergehn. Auch ist sein Erzeugniss: in der physischen Welt der Organismus, in der ästhetischen das Kunstwerk, in der moralischen die geistige Individualität immer ein wahres Unendliches, nemlich etwas, aus dem, ungeachtet des nothwendigen Zusammenhanges aller Theile, nicht bloss Freiheit hervorstrahlt, sondern wo jene Nothwendigkeit selbst nur durch Freiheit begreiflich ist.

Was hier Trieb genannt wird, heisst vielleicht richtiger selbstthätige Idee. Ich vermied aber diesen sonst allerdings gleichgeltenden Ausdruck, weil er zu dem Misverstand verleiten kann, als läge die Idee fertig da und führte nun nur sich selbst nach und nach aus, da, meiner Ueberzeugung nach, das Walten der Grundkräfte der Natur, der Inbegriff und die Norm aller Ideen, in einer sich erst durch ihr eignes Wirken bestimmenden Thätigkeit besteht. Auch würde der Begriff eines Triebes (versteht sich immer eines freien und gesetzgebenden) für eine historische Arbeit zweckmässiger seyn, als der einer selbstthätigen Idee, da die Geschichte nicht, wie die Philosophie, von dem Naturgesetz aus, sondern zu demselben hin, gestützt auf eine Masse aufmerksam gesammelter Erscheinungen, geht, und sich jener ursprüngliche Trieb hernach, wie in der Folge an dem Beispiel der Griechen gezeigt werden wird, in einer Menge untergeordneter Neigungen und Bestrebungen, bald wie in glänzendem Wiederscheine, bald wie in halb formlosen Schattenbildern zeigt.

Den unwiderstehlichen, und doch aus dem Theil des Gemüths, in dem nur das selbstgegebne Gesetz herrscht, entspringenden Trieb nennt der Deutsche mit einem keiner andern Nation (da seine Sprache vorzugsweise in dem Gebiete einheimisch ist, das, um ganz ausgemessen zu werden, der Hülfe der Empfindung bedarf) [bekannten Worte] Sehnsucht, und der Mensch hat daher nur insofern einen bestimmten Charakter, als er eine bestimmte Sehnsucht kennt. In jedem Menschen regt sich eine solche, aber wenige sind glücklich genug, dass [sie] sie, sich nicht in widersprechenden Affecten zerstreuend, rein und bestimmt offenbaren, noch weniger, dass sie auf ächt idealischem Wege den Urformen der Menschheit entgegengehn, und am seltensten ist das Glück, dass, ist diese zwiefache Bedingung erfüllt, auch die äusseren Umstände ihr hinlänglich zusagen, durch Befriedigung neue Kraft zu gewinnen.

Die Idealität eines Charakters hängt von nichts so sehr ab, als der Tiefe, und der Art der Sehnsucht, die ihn begeistert. Denn der Ausdruck des Idealischen fügt der Moralität noch etwas Anderes, nicht Höheres (denn sie bleibt immer das Höchste), aber mehr Umfassendes hinzu, da ein idealischer Charakter sich nicht bloss Einer Idee, wie der schlicht moralische der der Pflicht, unterwirft, sondern sich gleichsam allen Ideen, der ganzen unsichtbaren Welt, anbildet, da er, wie der Künstler ein Kunstwerk, so eine Gesinnung hervorzubringen strebt, die wie jenes die Schönheit, so die Menschheit (in ihrem Adel und ihrer Würde) in einem einzelnen Fall darstelle, und da er endlich im wahren Verstande schöpferisch ist, indem er die, sonst nur den Gedanken vorschwebende Idee höchster Menschheit in eine Thatsache der Natur verwandelt. Dazu reicht nicht bloss Berichtigung des Denkens und Uebung des Wollens hin, das Gemüth muss fähig gemacht werden für das, woran kein Begriff und keine Empfindung reicht, und was, wenn es die Einbildungskraft frei zu bilden scheint, von ihr aus der Tiefe der Natur geschöpft wird; mit anderen Worten, die Idee, welche die Seele und das Leben der Natur ausmacht, und von der alle Bedeutung und Form in ihr herrührt, muss dem Gemüthe erscheinen und die Liebe erwekken, deren unmittelbare und natürliche Frucht jene hohe und göttliche Sehnsucht ist.

Sehnsucht wird vielleicht Manchem ein tändelnder Ausdruck eines verzärtelten Zeitalters scheinen, der denselben lieber mit dem, unmittelbarer auf Leben und Handlen gehenden Streben vertauschte. Allein Sehnsucht und Streben, auch beide gleich erhaben genommen, sind nicht durchaus gleichbedeutende Ausdrücke, da in jener mit dem Wort auch die Unerreichbarkeit des Ersehnten und die Unbegreiflichkeit ihres Ursprungs ausgesprochen wird, dieses mehr von klar gedachtem Begriff zu bestimmtem Zweck geht; das Streben durch Schwierigkeiten und Hindernisse geschwächt und vereitelt werden kann, vor der Sehnsucht aber, wie durch einen in ihr selbst liegenden Zauber, jede Fessel zerbrochen zu Boden fällt. Der erfindende Künstler sehnt sich nach der Erreichung der Schönheit, die in noch unfixirter Gestalt seiner Einbildungskraft vorschwebt; erst nach gefasstem Gedanken strebt er diesem mit seiner Ausführung nahe zu bleiben. Der Römer hatte ein eifriges, ernstes, kraftvolles Streben, aus dem eine zusammenhängende Thätigkeit, und sichere, stufenweis fortschreitende Resultate erwuchsen. Der Grieche war von Sehnsucht begeistert, sein absichtliches und weltliches Treiben war oft sehr zerstreut und zerstückt, aber nebenher und ungesucht entkeimten jener Sehnsucht himmlische und bezaubernde Blüthen. In welcher Beziehung diese auch zu der Welt steht, wie jedes grösseste Unternehmen, es sey gerichtet auf Freiheit und Ruhm des Vaterlandes, oder auf Wohl der Menschheit überhaupt, nur mehr dadurch geadelt wird, dass man vermittelst ihrer vor allem die Ideen ins Auge fasst, welche auf diese Weise der Wirklichkeit aufgeprägt werden sollen, ja wie kein Mensch gross genannt zu werden verdient, und wäre er der segenvollste Wohlthäter des Menschengeschlechts, wenn ihn nicht der Hauch einer solchen Sehnsucht berührt, müsste an einem andern Orte ausgeführt werden, wenn es nicht schon von selbst klar wäre.

Trägt man diese Ideen in die aufmerksame Betrachtung des Lebens über, so wird man, am meisten an sich selber, bald gewahr, dass es eine dreifache Art der Erziehung giebt, die der

Aufhellung des Verstandes, der Stärkung des Willens, und des Hinneigens zu dem nimmer Ausgesprochnen und ewig Unaussprechbaren, dergleichen die körperliche und geistige Schönheit, die Wahrheit in ihren letzten Gründen, und die Freiheit ist, durch die in der leblosen Natur die Form die Masse, in der lebendigen der freie Gedanke die blinde Gewalt überwindet. Die letzte würde am besten die des Gemüths zur Religion genannt werden, wäre dieser Ausdruck nicht zugleich so edel und so gemisbraucht, dass man immer besorgen muss, bald durch das Erhabenste ihn selbst, bald durch ihn (in seiner Herabsetzung) das höher Gedachte zu entweihen. Die beiden ersten Erziehungen können das Werk der Belehrung und des Beispiels seyn; aber die letzte gehört allein der Seele selbst und der Erfahrung des Lebens an, vorzüglich dem glücklichen Hange die Welt auf sich wirken zu lassen, und ihr Wirken in selbst geschaffener Einsamkeit zu verarbeiten; und hier offenbart es sich, was ein recht gestimmtes, zugleich starkes und mildes Gemüth aus den mannigfaltigen Regungen zu machen versteht, die, wie Begierde, Liebe, Bewunderung, Anbetung, Freude, Schmerz und welchen Namen sie führen mögen, den Busen bald freundlich besuchen, bald heftig bestürmen. Denn diese und alle andern Affecten sind die wahren Erweckungsmittel jener hohen und edlen Sehnsucht, so wie sie selbst wiederum, sie durch Stärkung läuternd, als die Reinigung derselben angesehen werden kann, und wessen Brust (wozu Frauen meistentheils besser gestimmt und durch ihre Lage mehr begünstigt sind als Männer) sie am häufigsten und mächtigsten durchwogt haben, in dem reift sie zur edelsten und wohlthätigsten Stärke.

Wie daher jeder irgend würdige Charakter Kraft und Energie des Willens, so fordert ein idealischer noch insbesondre, dass der jedem Menschen beiwohnende intellectuelle Trieb zu einer so bestimmten und herrschenden Sehnsucht werde, dass er dem Individuum eine eigenthümliche, den Begriff der Menschheit mehr oder minder erweiternde Gestalt gebe. Wie das Leben überhaupt als ein theilweis gelingender Kampf des Geistigen mit dem Körperlichen betrachtet werden muss, so ist die Bildung der Individualität durch die Herrschaft des sie lenkenden Grundtriebs der äusserste Gipfel des errungenen Sieges. Sie ist eben dadurch der letzte Zweck des Weltalls; wenn man den Blick von ihr abwendet, ist jedes, auch scheinbar noch so edle Bemühen niedrig, mechanisch und irrdisch; und das erforschte, erkannte, ausgemessene Universum, die ergründete Tiefe der Wahrheit, die erflogene Höhe des Gefühls sind eitle Schaugepränge spielend verschwendeter Kräfte, wenn sie sich nicht endlich in dem denkenden, redenden, handlenden Menschen lebendig offenbaren, wenn nicht das, was sie in ihm wirkten, aus seinen Blicken zurückstrahlt, seine Worte und Handlungen nicht von ihnen Kunde geben.

Jedem wohnt unstreitig ebensowohl ein solcher bestimmter Charakter- als ein bestimmter physischer Organisationstrieb bei, aber der Unterschied zwischen beiden ist nur der, dass, indess der letztere (einige wenige Fälle ausgenommen) immer seinen Endzweck erreicht, diesem der seinige nur äusserst selten in dem Grade gelingt, dass der Stoff, vollkommen besiegt, treu und rein seine Gestalt annehme. Ja, es lässt sich nicht einmal füglich denken, dass, wenn man auch der Meynung beipflichten wollte, dass es in irgend einer Epoche der Schöpfung ein chaotisches Fluten der Bildungsformen gegeben habe, und die Umrisse der Gestalten, und die Organe des Lebens erst lange diesseits und jenseits geschwankt hätten, ehe sie in die nun bestimmten Schranken und festgeschiednen Geschlechter zurückgetreten wären, dass, sage ich, jetzt eine gleiche Epoche der moralischen Bildungsformen herrsche, obgleich übrigens eigentlich idealische Charaktere allerdings das Vorrecht besitzen, einzeln zur Gattung zu werden. Vielmehr wird alle Zeiten hindurch ihre Anzahl nur klein seyn, am kleinsten die derer, die auf bedeutende Weise im handlenden Leben auftraten, wie unter den Griechen Aristides, Socrates, Epaminondas, Philopömenes und andre, Scipio und Cato unter den Römern, Luther und Friedrich in der neuen Geschichte; bei mehreren wird sich, wie bei so vielen Dichtern und Weisen, die mehr in Gesinnung als Handlung übergegangene Form nur in ihren Werken spiegeln, und die meisten werden nur einzelne, hervorstechend ausgearbeitete Züge, nur Elemente der Idealität, nicht sie selbst zeigen, und nicht besser wird es ganzen Nationen ergehen.

Nationen indess gehören zu den grösseren Erzeugnissen der Naturkräfte, in denen ihr Wirken sich in dem Grade mehr gleich bleibt und das Gewirkte ähnlicher ins Auge fällt, in welchem der Wille der Einzelnen sich in der Masse verliert. Wie die Natur an gewissen Küsten Korallenriffe zusammenhäuft, in gewissen Erdstrichen Familien von Pflanzen sprossen lässt, so verstreut sie Geschlechter und Stämme, und wenn diese auch bald die Hügel und Flüsse, und endlich auch die Gebirge und Meere überwandern, welche sie absondern, so wirkt doch immer sie in zwei mächtigen Dingen, der Zeugung und der Sprache fort, in deren erstem ihre dunkeln und geheimnissvollen Kräfte ganz schalten, und von welchen die letztere gleichfalls durch das, was ihr erst Nachdruck und Farbe giebt, den Ton, die Weile, und das ursprünglich unwillkührliche Verknüpfen des Körperlichen und Geistigen ihr angehört. Wenn es daher auch schwerer ist, einen idealischen Nationencharakter zu finden, und wenn man auch, um gerecht zu seyn, nur den Griechen ausschliessend diesen Vorzug einräumen darf, so muss man dennoch gestehen, dass, um sich durch idealische Charakterform vor dem Gemüthe zu bilden, um sich durch einzeln erblickte Seiten und Bestrebungen zu ihrer eignen Erzeugung zu begeistern und anzufeuern, die Betrachtung keiner unnütz oder entbehrlich genannt werden kann.

Natur und Idee (wenn man dieses Wort, absolut gesetzt, für den Typus des Universums, der sich, mit selbstthätiger Kraft begabt, nach und nach lebendig offenbart und bildet, gebrauchen darf) sind Eins und dasselbe. Natur ist die Idee, als wirkende Macht; die Idee die Natur als reflectirter Gedanke. Im einzelnen Menschen kommen beide nur getrennt vor, die Idee als Gedanke, die Natur als Begierde, und können nur unvollkommen verknüpft werden, durch immer und jedem mögliche Anstrengung im Willen, oder durch Glück im Genie. Alle Idealform offenbart sich daher leichter da, wo, wie in dem Charakter ganzer Nationen, mehr Naturantheil herrschend ist.

Ehe ein idealischer Charakter auftritt, kann niemand sein Daseyn errathen, er ist eine reine und neue Schöpfung, er ist nicht zusammengesetzt aus schon bekannten Elementen, sondern eine ewig junge, ewig neue, unerschöpfliche Kraft goss dieselben in ihm zu einer neuen Gestalt um. Wer hätte, um zuerst nur bei poetischen Charakteren stehen zu bleiben, einen Oedipus vor Sophokles, einen Othello vor Shakespear geahndet? wer ein Volk, wie die Geschichte die Griechen uns zeigt, nur für möglich gehalten? Dies indess ist bei jedem Individuum der Fall; von jedem ist die Idee nur dadurch möglich, dass sie als Thatsache erscheint. Hierbei können wir uns nicht erwehren zu bemerken, wie, wenn man die Individualität bloss als ein Gerinnen des Stoffes um gewisse Bildungspunkte, als die Bestimmung einer Kraft in Einem Moment, an den sie nun tausend und tausend andere anknüpft, an Einem Ort, von welchem aus sie das Universum durchschweift und sich aneignet, als eine Unendlichkeit, die sich niemals wiederholt und niemals erschöpft, als eine Einheit, die in der wundervollsten Verschiedenheit immer dieselbe Laufbahn, von demselben Ursprung zu demselben Ziele zurücklegt, wie, sage ich, wenn man die Individualität auf diese Weise ansieht, ihre Betrachtung einen von dem Werth oder Unwerth der Einzelnen ganz unabhängigen Reiz hat.

Aber wenn die Individualität idealisch seyn soll, muss sie durch mehr, als bloss Neuheit, überraschen, eine grosse, würdige, allgemeine Idee von der Menschheit dergestalt offenbaren, dass sie, nur durch ihre Form begreiflich, durch sie nur geschaffen scheint. Ein idealischer Charakter muss Schwung genug haben, sich und mit ihm seine Beschauer aus dem engen Gebiete der Wirklichkeit in das weite Reich des Gedankens zu versetzen; er muss den Ernst des Lebens nur in dem Ernst der Ideen erblikken, die es erweckt, seine Schrecknisse und Schmerzen zur Erhabenheit retten, seine Freuden und Genüsse zur Grazie und intellectuellen Heiterkeit erweitern, in allen Kämpfen und Gefahren desselben als ein Ringer erscheinen, der bestimmt ist dem Grossen, Edlen und Unvergänglichen in der Menschheit den Sieg über das Niedrige, Beschränkte und Vergängliche zu erstreiten. Daher ist Freiheit in jedem edleren Sinne des Worts seine unerlasslichste Bedingung, tiefe Liebe zu Weisheit und Kunst seine treue Begleiterin, Milde und Anmuth seine untrüglichen Merkmale.

Wir haben im Vorigen des Epaminondas, als eines idealischen Charakters erwähnt, und wenn man von den Heldenzeiten zurückgeht, wo Fabel und Geschichte sich mit einander vermischen, so weiss ich in der That nicht, ob das ganze Alterthum einen mehr vollendeten und mehr dichterischen aufweist. Edelerworbener Ruhm seiner Vaterstadt, und die Freiheit von Hellas sind die einzigen Gefühle, die ihn beseelen; kein Blut färbt sein Schwert, als das dafür vergossne; wie der Sieg errungen ist, wird er fröhlicher Gründer friedlicher Städte; wie Griechenland seiner nicht mehr bedarf, kehrt er in den bescheidenen Kreis seiner Bürger zurück, und übt genügsam Weisheit und Kunst. Die Gefahren des Volksgerichts und des Todes zerstreut er durch ruhige Heiterkeit, und still ernsten Stolz und löst sie in gefälligen Scherz auf; kein Glück macht ihn vermessen, und kein Missgeschick trübt den Glanz seines Ruhms; noch dem Tode gebeut er, und vergeudet das Leben erst, da er des Siegs seiner Bürger gewiss ist. Wo giebt es ein erhebenderes Schauspiel, als den Aufbau Messenes? Nach gelungenem Kampf um die Freiheit, hatte Epaminondas eine der edelsten, friedfertigsten, und durch ihre unverschuldeten Unglücksfälle, und das Mislingen aller äussersten Anstrengungen heldenmüthiger Vaterlandsliebe rührendsten Nationen Griechenlands, nach einer Abwesenheit von Jahrhunderten, wieder in ihr Vaterland zurückgeführt, und gab ihnen, nicht ohne günstiges Zusagen der Himmlischen, eine neue Stadt. Nachdem nun den Göttern geopfert worden war, von Epaminondas und den Thebanern dem Bacchus und Ismenischen Apoll, von den Argivern der Juno und dem Nemeischen Jupiter, von den Messeniern dem Ithometischen und dem Heldenzwillingspaar, dessen Zorn jetzt versöhnt schwieg, und von den tiefer eingeweiheten Priestern den grossen Göttinnen und dem Ueberbringer des geheimnissvollen Dienstes, luden sie die Heroen ein, in den künftigen Mauern zu wohnen, zuerst Messene, die Tochter des Triopis, dann Eurytus, Aphareus und seine Söhne, die Herakliden Cresphontes und Aepytus und vor allen den edeln aber unglücklichen Aristomenes, und nun verbrachten die drei verschwisterten Nationen, Zurückführer und Zurückgeführte, den Tag in gemeinschaftlichen Opfern und Gebeten. Darauf an den folgenden erhob sich der Umkreis der Mauern, und in ihnen stiegen die Häuser und Tempel empor, und zu dem Gewühle der Arbeit erschallten Argivische und Thebanische Flöten, auf denen die einfachen Weisen des alten Sacadas, und die künstlicheren des späteren Pronomos wetteifernd um den Preis rangen. Es waren die letzten schönen Blüthen ächt Griechischen Sinnes, die aufkeimten unter Epaminondas pflegenden Händen, und mit ihm, nachher nie wiederkehrend, dahinstarben.

Zwei Gründe machten es nothwendig, tiefer, und selbst mit Gefahr abzuschweifen vom Hauptgegenstande, in diese Betrachtungen einzugehn; es hätte sonst weder der wesentlichste Zug des Griechischen Charakters, noch unsre Ansicht des Verhältnisses desselben zu der neueren Zeit deutlich erkannt werden können.

Denn wenn nicht das Daseyn einer solchen tiefen und reinen Sehnsucht in jeder edleren menschlichen Brust gehörig berührt worden wäre, wenn wir nicht darauf aufmerksam gemacht hätten, dass sie das Princip ist, durch das jede Individualität die ihr zustehende Vollendung erhält, so wäre nie hinlänglich klar geworden, wie die Idealität des Griechischen Charakters nur von der Natur und Beschaffenheit dieser ununterbrochen lodernden, ewig erwärmenden und begeisternden Flammen möglich war. Wir haben im Vorigen die eigenthümliche Eigenschaft der Griechen in einen gewissen, sie beseelenden Drang gesetzt, das höchste Leben, als Nation, darzustellen, und wir haben ferner gesagt, dass gleichsam die natürliche Anlage ihres Wesens sie dahin führte, weil sich das Streben, nur schlechthin rein und voll Menschen zu seyn, bei ihnen innerlich bestimmter, und äusserlich mehr von den Umständen begünstigt aussprach.

Allein dies Streben trug von den frühesten Zeiten, die wir kennen, schon das Gepräge jener höheren Sehnsucht an sich. Denn je mehr der Grieche Mensch war, desto mehr betrat er gleichsam den Boden nur mit den Füssen, um sich mit dem Geist über denselben zu erheben. Ueberall knüpft er das Ueberirrdische an; von jedem Punkte aus schaft er sich ein unabhängiges Reich der Gedanken und der Phantasie; sein liebster Genuss war Geselligkeit, Mittheilung von Ideen und Empfindungen; in der Arbeit schätzte er mehr das Erringen, als das Errungene; zu beweglich, um sich irgend fesseln zu lassen, trug er sowohl in das Familien- als in das Staatsverhältniss mehr Freiheit hinüber, als sich jedesmal mit der Festigkeit beider vereinigen liess; ja seine Vaterlandsliebe selbst war mehr Liebe zu dem Ruhm, als zu dem Wohlstand und der Erhaltung desselben.

Einige dieser Züge und vorzüglich die letzteren gehören gewöhnlich nur wilden Nationen vor dem Zustande der Civilisation an, und verwischen sich mit dem Eintritt in die Gesellschaft. Der Grieche zeichnete sich aber gerade dadurch aus, dass er sie, mitten in derselben, beibehielt und ausbildete, und sein natürlicher Charakter unmittelbar zu seinem idealischen wurde, und dies bekräftigt aufs neue die Gegenwart jener ihn in seinem roheren und seinem feiner gebildeten Zustande gleich treu begleitenden Sehnsucht in ihm, die bei ihm zwar geradezu auf das Intellectuelle und Ueberirrdische, aber in diesen auf dasjenige hingieng, was sich vor Sinn und Phantasie in Ton und Umriss gestaltet. Er war daher glücklich genug dem letzten Ziele, zu dem sich eine Nation zu erheben vermag, ohne inneren Widerspruch und Kampf, und gleichsam instinktmässig nachstreben zu können. Denn das Geschick waltet über den Nationen, wie über den Individuen; die einen stattet es ärmlicher, die andern reichlicher aus, und nur wenigen wird es, sich gerade und unverworren des Strebens bewusst zu seyn, das sie vorzugsweise zu verfolgen bestimmt sind.

Eine etwas nähere Beleuchtung des Wesens der Individualität war aber zweitens nothwendig, weil die Erforschung der Oekonomie des Schicksals mit derselben, wenn der Ausdruck erlaubt ist, und die Untersuchung, welche Charaktere die Nation und die Jahrhunderte aufgestellt haben, die der Gegenstand unsrer Betrachtung sind, und wieviel sich noch jetzt aus den Trümmern beider retten, und zu unsrem Gedeihen anwenden lässt, immer ein Hauptaugenmerk dieser Arbeit bleiben wird. Denn da hierin, dass nemlich der Ablauf der Jahrhunderte, sey es in Individuen oder Nationen, nach und nach immer einen höheren Begriff der Menschheit, als Thatsache, aufstelle, der Zweck alles menschlichen Strebens besteht, so darf auch keine die Geschichte nur von fern berührende Untersuchung ihre Blicke anderswohin wenden, am wenigsten eine die Griechen betreffende, die unläugbar das Alterthum an die neuere Zeit wiederanknüpft. Und dies ist nun doch die Ansicht, von der wir ausgehen. Das Leben soll, durch die Fülle seiner Bewegung, Ideen, erhaben über sich selbst und über jede Wirklichkeit, heften und erschaffen; der Mensch eine Kraft besitzen, zugleich durch eigne Anstrengung und Gunst des Schicksals, geistige Erscheinungen hervorzubringen, die, gegen die Vergangenheit gehalten, neu und für die Zukunft fruchtbar sind; und wie die Kunst in der idealischen Schönheit eine reine und unkörperliche Idee aufsucht oder besser erzeugt, nicht anders soll die Philosophie die Wahrheit, und das handelnde Leben die Charakter-grösse zu erzeugen im Stande seyn; alles soll also immerfort in Thätigkeit und in schöpferischer Thätigkeit verharren; alles auf Ergründung des noch Unbekannten, und Hervorbringung des noch nicht Gesehenen hinauslaufen; jeder auf einem Punkte zu stehen glauben, den er noch weit hinter sich zurücklassen muss.

Wer hiermit nicht übereinstimmt, wer sich einbildet, dass die höchste Kunst nur in Erreichung gefälliger Wahrheit, die höchste Philosophie nur im Zusammenordnen deutlich entwikkelter Begriffe, der höchste moralische Werth nur in wohlgeordneter Glückseligkeit, oder einer durch blosse Gesetzmässigkeit erreichbaren Privat und gesellschaftlichen Vollkommenheit bestehe, ohne zu empfinden, dass Schönheit, Wahrheit und Charaktergehalt aus einem in seiner Beschaffenheit und Wirkungsart unbegreiflichen Streben entspringen, und statt nach vorhandenem Massstabe beurtheilt werden zu können, selbst durch die That den Massstab zu eigner und fremder Beurtheilung aufstellen, von dem müssen wir gleich hier scheiden. Ihm muss schon alles bis jetzt über die Griechen und ihr Verhältniss zu uns Gesagte übertrieben und chimärisch erscheinen, und da der Punkt, in welchem für uns erst die Wahrheit beginnt, ihm gerade das Ende derselben bezeichnet, so können unsre beiderseitigen Wege sich schlechterdings in keinem Schritte begegnen.

Nachdem nun bisher nicht sowohl bewiesen, da es eigentlich keines Beweises bedarf, als nur nach dem allgemeinen und von keinem abgeläugneten Eindruck gezeigt ist, dass die Griechen einen idealischen Charakter besitzen, und nachdem wir angedeutet haben, worin derselbe eigentlich liegt, werden wir nun noch die Natur seiner Idealität genauer, und vorzüglich im Gegensatz mit unserer modernen, zu bestimmen haben. Denn es wird hier nicht eigentlich eine Schilderung des Griechischen Charakters überhaupt, sondern nur eine Beleuchtung seiner Idealität beabsichtet, eine Beantwortung der Fragen: ob dieselbe in der That wahr, oder nur scheinbar ist? worauf sie beruht? und wie sie von uns zu unserem Frommen behandelt werden muss?

Die Begeisterung wird nur durch Begeisterung angezündet, und die Griechen üben nur dadurch eine so wunderbare Wirkung auf uns aus, dass jene sie durchglühende himmlische Sehnsucht sich lebendig in ihnen ausspricht. Sonst wäre auf keine Weise begreiflich, weder wie oft selbst unbedeutende Ueberreste von ihnen die Seele so tief erschüttern, noch wie mancherlei Widersprüche und Mängel, die wir in ihnen antreffen, nicht jenen Eindruck in uns stören sollten. Es ist lange ein Misgriff gewesen, und ist es oft noch jetzt, ihre Werke, statt mit ihnen selbst, mit den Gattungen, zu welchen man sie in wissenschaftlicher Beziehung rechnen kann, zu vergleichen, statt aus ihnen nur rein und klar den grossen und anmuthigen Geist ihrer Urheber zu schöpfen, in denselben Regeln und Theorien suchen zu wollen. Solange eine Nation die altGriechischen Werke wie eine Literatur, wie in der Absicht etwas Wissenschaftliches hervorzubringen gemacht ansieht, wie man es mit der neueren, der Römischen, ja der Griechischen selbst seit Alexander kann, solange ist zwischen der ächten Griechheit und ihr eine eherne Mauer gezogen, und solange schweigen ihr Homer und Pindar und alle jene Heroen des griechischen Alterthums.

Nur der Geist, nur die Gesinnung, nur die Ansicht der Menschheit, des Lebens und des Schicksals ist es, was uns anzieht und fesselt in den Ueberbleibseln jener Zeit, die das wundervolle Geheimniss besass, zugleich das Leben in seiner ganzen Mannigfaltigkeit aufzurollen, die Brust in ihren gewaltigsten Tiefen zu erschüttern, und dann das Wogen der so aufgeregten Phantasie und Empfindung durch einen immer zugleich bewegenden und beruhigenden Rhythmus zu beherrschen. Man muss ihnen gewissermassen schon ähnlich gestimmt seyn, um sie zu verstehen, nicht bald ihre Tiefe zu übersehen, bald ihre Zartheit zu verkennen; aber es ist merkwürdig, dass diesem Verständniss nichts so nachtheilig, als einseitige Bildung, und nichts minder nothwendig, als Kenntniss oder Gelehrsamkeit ist. Von den Römern z. B. ist es schwer zu glauben, dass sie in den Geist der Griechen je nur einigermassen tief eingedrungen wären. Von Cicero, Horaz, Virgil, dem Augustischen und den folgenden Zeitaltern liesse sich das Gegentheil sogar durch einzelne Thatsachen beweisen, und wenn vielleicht in irgend einer Periode die Römer die Griechen einfacher und natürlicher fassten, war es in der des Ennius, Plautus und Terenz. Sogar in den neueren Nationen ist es noch sichtbar, dass von den früher und vorzugsweise mit den Lateinischen Schriftstellern vertrauten die Griechischen leicht halb oder unrichtig verstanden werden. Den Deutschen kann dagegen niemand absprechen, sie treu und wahr zu erkennen; und doch waren die Römer selbst Abkömmlinge der Griechen, lebten zu gleicher Zeit mit ihnen, und besassen eine Sprache, die gewissermassen für einen Dialekt der Griechischen gelten kann, da wir mehr als 2000 Jahre von ihren schönsten Zeiten entfernt sind, und eine Sprache reden, die nur vielleicht, als später gebildete und minder begünstigte Schwester, sich einer gleichen Abkunft mit der ihrigen rühmen kann. Eine so wunderbare Verschiedenheit in den Bildungsschicksalen der Nationen verdiente eine genauere Beleuchtung und eine erschöpfende Aufsuchung ihrer Ursachen, wenn diese nicht hier zu weit vom Ziel abführen würden.

Wenn der Mensch den Menschen interessirt, so ist es nicht sein körperliches Geniessen und Leiden, sein äusserliches Thun und Treiben, welche die Theilnahme des Höchsten in unsrem Gemüthe an sich reissen, sondern die allgemeine Menschennatur in ihm, das Weben ihrer Kraft im Handeln und Leiden; wenn die Geschichte für uns Reiz hat, verlangen wir nicht gerade zu wissen, wie dieser oder jener Menschenhaufe drängte oder gedrängt wurde, siegte, oder unterlag, sondern wir wollen, wie in einem grossen Bilde, und, gleichsam dem Vermögen unsrer bloss nachsinnenden Vernunft, in der Erfahrung schauen, was das Schicksal über den Menschen, und noch mehr, was er über das Schicksal vermag. Nichts ist ermüdender, als die Mannigfaltigkeit der Wirklichkeit, die zahllose Menge ihrer Zufälligkeiten, wenn nicht aus ihr am Ende eine Idee hervorstrahlt, allein selbst ihre grösseste Anzahl scheint uns gering, wenn der Geist, vom Gegenstande geleitet, den Weg zu dieser entdeckt hat. Denn die Einfachheit der Idee lässt sich, ähnlich einem vielseitig geschliffenen Spiegel, einmal nur in der Vielfachheit der Erscheinungen erkennen. Wo also ein Mensch, eine menschliche Handlung oder ein menschliches Ereigniss die ihnen entsprechende Idee, am sichtbarsten, wie nur in leichter Hülle verschlossen, mit sich herumtragen, da ergreifen sie am lebendigsten das Gemüth, und wirken am wohlthätigsten auf dasselbe.

Und dies ist der Fall der Griechen. Der Grieche behandelte alles symbolisch, und indem er alles, was seinem Kreise naht, in ein Symbol umschafft, wird er selbst zum Symbol der Menschheit, und zwar in ihrer zartesten, reinsten und vollkommensten Gestalt.

Der Begriff des Symbols wird nicht immer richtig gefasst, und oft mit dem der Allegorie verwechselt. In beiden wird allerdings eine unsichtbare Idee in einer sichtbaren Gestalt ausgedrückt, aber in beiden auf sehr verschiedene Weise. Wenn die Griechen den Bacchus nach Flügeln (III. 19, 6. Paus.) zubenannten, den Mars in Fesseln bildeten, so waren dies allegorische Vorstellungen, und ebenfalls eine solche war die Ephesische Diana. Denn es war eine deutlich gedachte Idee willkührlich an ein Bild geknüpft. Hingegen Bacchus und Venus selbst, der Schlaf, den Musen als Liebling beigesellt (Paus. II. 31, 5.)

und so viele andre Gestalten des Alterthums sind wahre und eigentliche Symbole. Denn indem sie von einfachen und natürlichen Gegenständen ausgehen, von einem von wohlthätig üppiger Kraft überfliessenden Jüngling, einem Mädchen, das, eben aufblühend, sich dieses Aufblühens mit Befremden bewusst wird, der Freiheit, mit der die Seele im Schlafe, aller Sorgen entfesselt, durch das leise verknüpfte Reich der Träume schweift, indem sie, sage ich, von diesen Gegenständen ausgehen, kommen sie zu Ideen, die sie vorher nicht kannten, ja die ewig an sich unbegreiflich bleiben, und sich abgesondert niemals rein auffassen lassen, ohne wenigstens ihrer Individualität und ihres eigentlichen Wesens beraubt zu werden, wie z. B. die der Quellen der dichterischen Begeisterung, die, wie es Schiller so schön ausdrückt, hervorbricht, erst dann sich mächtig regt, wenn, wie im Schlafe die Glieder, die kälteren Kräfte gleichsam erstarrt ruhen, und das Leben, wie der Traum, mit einem neuen Glanz übergiesst. Je tiefer und schöner man z. B. in dem letzteren Fall die Idee des Schlafes fasst, wo der Mensch, im Vertrauen auf schützende Gottheiten, das wachsame Auge schliesst, die schützende Rechte entstrickt und sich nackt und wehrlos hingiebt, wo er freudig sich vom Getümmel des Lebens in den Schooss einsamer Nacht zurückzieht, froh selbst dem Genusse entsagt, und sich nur dem reinsten und ätherischsten Theil seines Wesens, der nie schlummernden Einbildungskraft überlässt, wo er erwacht bald aus entzückenden Träumen mit wehmüthiger Rührung, dass er erst sein Daseyn gleichsam vernichten muss, um Götterseligkeit mit müheloser Ueberwindung der Schwierigkeiten zu schmecken, bald aus furchtbaren, tief erschüttert, dass Geister und Schicksale vielleicht tückisch ihm auflauern, die ihm die blendende Helle des Tages verbirgt, wo er endlich mit jedem Auf- und Niedergange der Sonne, wie in einem kurzen Vorspiel die grosse Bahn seines Daseyns immer von neuem vollendet und wieder beginnt — je tiefer und gehaltvoller erscheint ihm auch die in diesem Bilde ausgedrückte Idee. Denn das Symbol hat das Eigenthümliche, dass die Darstellung und das Dargestellte immer wechselsweise den Geist einladend nöthigen länger zu verweilen und tiefer einzugehen, da die Allegorie hingegen, wenn einmal die vermittelnde Idee aufgefunden ist, wie ein gelöstes Räthsel, nur kalte Bewunderung oder leichtes Wohlgefallen an anmuthig gelungner Gestalt zurücklässt.

Die blosse und eigentliche Allegorie ist den Griechen sehr fremd, und gehört, wo sie sich findet, wohl noch meistentheils späten Zeiten an; denn wo der Sinn gewichen ist, die Symbole zu erkennen, werden sie leicht zur Allegorie herabgewürdigt.

Made in United States
Troutdale, OR
11/03/2026

56844499R00066